普通高等教育"十三五"规划教材

化工安全生产与环保技术

李德江　　陈卫丰　　胡为民 ● 主编

化学工业出版社

北京·

本书包含十五章内容，分别为绪论，化工生产与安全，防火防爆安全技术，工业防毒安全，电气与静电防护安全技术，化学反应的安全技术，化工单元操作安全生产，安全容器的安全技术，化工装置检修的安全技术，化工废水处理技术，化工废气处理技术，化工废渣处理技术，化工清洁生产概要，化工重大生产安全事故案例分析、危险化学品突发环境事件处置方法及案例分析。

本书可供化工行业安全管理人员、安全技术人员使用，也可作为化工安全培训教材及作为化工设计、安全评价等相关专业人员的参考书。

图书在版编目（CIP）数据

化工安全生产与环保技术/李德江，陈卫丰，胡为民主编.
—北京：化学工业出版社，2019.1（2025.2重印）
ISBN 978-7-122-33834-1

Ⅰ．①化…　Ⅱ．①李…②陈…③胡…　Ⅲ．①化工生产-安全生产-教材②化学工业-环境保护-教材　Ⅳ．①TQ086②X78

中国版本图书馆 CIP 数据核字（2019）第 021968 号

责任编辑：丁文璇　　　　　　　　　　　　　文字编辑：孙凤英
责任校对：杜杏然　　　　　　　　　　　　　装帧设计：张　辉

出版发行：化学工业出版社（北京市东城区青年湖南街 13 号　邮政编码 100011）
印　　装：三河市航远印刷有限公司
787mm×1092mm　1/16　印张 9　字数 218　千字　2025 年 2 月北京第 1 版第 8 次印刷

购书咨询：010-64518888　　　　　　　　　　售后服务：010-64518899
网　　址：http：//www.cip.com.cn
凡购买本书，如有缺损质量问题，本社销售中心负责调换。

定　　价：45.00 元　　　　　　　　　　　　　版权所有　违者必究

前　言

　　化工生产过程经常存在安全隐患，一旦失去控制，安全隐患就会转化为事故。而这些事故往往是燃烧、爆炸、毒害、污染等多种危害同时发生，会对人身、财产造成很大的伤害和破坏，对环境造成严重的污染。因此，化学工业较其他工业生产部门对人员和环境的安全具有更大的危险性。本书根据现代化工生产的特点，结合典型化工安全生产实例，系统而又简明地论述了化工生产过程中的环境保护和安全生产技术的基础理论和基本方法。全书共分十五章，重点介绍了化工防火防爆、防职业中毒、化学反应安全技术、压力容器和化工检修等安全技术，以及废水、废气、废渣的治理及环境质量评价。

　　本书作为化工类专业基础课教材，具有如下特点：(1)使学生能够系统掌握化工反应、危险化学品、特种设备、电气安全、设备安装与维修、生产运行等化工安全控制技术，以及易燃易爆物品的防火防爆、职业接触性毒物防护方法和安全法规；(2)使学生系统掌握化工废水、化工废气及化工废渣的处理技术；(3)书中所选安全环保案例是典型事故处理事件，以培养学生解决化工生产过程中的应急处理能力，提高学生化工安全生产、环保等的职业素质。

　　本书共十五章，由三峡大学李德江、陈卫丰、胡为民主编。参加编写的人员分工如下：陈卫丰编写第一章、第二章、第三章；席祖江编写第四章、第五章、第六章；晏佳莹编写第七章、第八章、第九章；胡为民编写第十章、第十一章；李德江、代忠旭编写第十二章、第十三章、第十四章、第十五章。全书由李德江统稿。

　　由于编者水平有限，书中难免有不妥之处，恳请读者批评指正。感谢中国高等教育学会大学素质教育研究分会大学素质教育专题研究课题（CALE2016036）的支持。

编者
2019 年 1 月

目 录

第一章 绪 论

第一节 现代化学工业生产的特点

现代化学工业与传统的化学工业相比一般具有以下四个特点。

（1）生产物料大多属于有危害物质

化工生产过程中使用的原料、半成品、成品种类繁多，满足了现代社会多样化的需求，但其中约 70％是易燃、易爆、有毒、有腐蚀性的化学危险品。

（2）生产工艺苛刻

现代化工广泛采用高温、高压、深冷、真空等工艺参数，显著提高了单机效率，缩短了产品生产周期，使化工生产获得更好的经济效益。

（3）生产规模大型化

近 40 年来，化工单元系列生产装置规模大型化发展迅速。

（4）生产过程连续化、自动化

现代化工，尤其是基础大化工的生产从过去主要靠人工操作、间歇生产转变为高度自动化、连续化生产，生产设备由敞开式变为密闭式，生产装置由室内走向露天，生产操作由分散控制变为集中控制，同时也由人工手动操作变为仪表自动控制操作，进而又发展为计算机控制，极大地提高了劳动生产率。

现代化工的这些特点也存在着负面效应：化工生产过程处处存在危险因素、事故隐患，一旦失去控制，事故隐患就会转化为事故。而这些事故往往是燃烧、爆炸、毒害、污染等多种危害同时发生，会对人身、财产和环境造成巨大的伤害和破坏。因此，化学工业较其他工业生产部门对人员和环境的安全具有更大的危险性。

第二节 典型化工污染与安全事故的危害

一、典型化工污染事件的极端危害性

环境污染作为一个重大的社会问题，是从产业革命时期开始的。随着科学技术、工业生

产、交通运输、全球经济的不断发展，尤其是化学工业的崛起，工业分布过分集中、城市人口过分密集，环境污染由局部逐步扩大到区域，由单一的大气污染扩大到大气、水体、土壤和食品等方面的污染，酿成了震惊世界的公害事件。

世界上八大公害事件，其中有五个属于大气污染事件：

① 1930 年 12 月 1～5 日比利时马斯河谷烟雾污染事件。

② 1948 年 10 月 26～31 日美国宾州多诺拉大气污染事件。

③ 20 世纪 40 年代初期美国洛杉矶光化学烟雾事件。

④ 1952 年 12 月 5～8 日英国伦敦烟雾事件。

⑤ 1953～1956 年日本熊本县甲基汞中毒事件。

⑥ 1955～1972 年日本富山县神通川流域骨痛病事件（镉污染）。

⑦ 1961 年日本四日哮喘事件。

⑧ 1968 年 3 月日本北九州市、爱知县米糠油中毒事件。

二、典型安全事故的巨大破坏性

随着生产技术的发展和生产规模大型化，安全生产已成为社会问题，因为一旦发生火灾和爆炸事故，不但导致生产停止、设备损坏、生产链中断，使社会生产力下降，而且还会造成人员伤亡、环境污染，给国家和人民造成无法估量的损失和难以挽回的影响。

安全生产已成为化工生产发展的关键问题。装置规模的大型化、生产过程的连续化是现代化工生产发展的方向，在充分提高企业产能的同时，必须安全生产，确保生产装置长期、连续、稳定、安全运行。否则规模越大、生产越连续，一旦发生事故，损失越大，后果不堪设想。因此安全生产是现代化工生产发展的前提和保证。

第三节　我国环境保护与安全事业

一、我国的环境保护事业

随着环境问题日益严重，人们对环境问题的认识也不断发展和提高。一些发达国家在 20 世纪 60 年代后期，先后制定了有关环境保护的条例、规定。日本 1967 年制定了《公害对策基本法》。美国国会 1969 年通过了《国家环境政策法》。1972 年，联合国在斯德哥尔摩召开了人类环境会议，通过了《人类环境宣言》。许多国家相继把环境问题摆上国家的议事日程，建立环保管理机制，制定相关法律，加强管理和指导，采用新技术，使部分环境污染得到了有效控制。

我国的环境保护事业进展过程如下：

1972 年，出席斯德哥尔摩联合国人类环境会议。

1973 年，从中央到地方陆续建立环境管理机构和科研教育机构。

1979 年 9 月，全国人大通过《中华人民共和国环境保护法（试行）》。

1984 年，成立国务院环境保护委员会，将城乡建设环境保护局改为国家环境保护局。

1989 年 12 月，通过正式的国家环保法，为制定其他的环保法规提供了依据。

1999 年上半年，国家颁布了 6 部环境法律和 9 部相关资源法律，国务院发布了 29 件环境法规，环保部门发布了 70 多件环境规章，地方环境法规达 1000 多件，形成了由国家法律和地方法律相结合的环境保护法律体系。

政府相关部门多次联合提出数批限期治理的严重污染环境的企业名单，并下令关闭一大批严重污染环境而又无法改造的企业，我国环保工作取得了实质性进展并建立了环境保护八项制度："三同时"制度（即经济建设、城乡建设和环境建设同时规划、同时实施、同时发展），环境评价制度，排污收费制度，环境保护目标责任制，排放污染物许可证制度，城市环境综合治理定量考核，污染集中控制制度，污染限制治理制度。

化工生产厂区及周围环境的保护是社会整体环境保护事业的重要组成部分具体表现为：化工行业排放废弃物在大工业中最多；化工环境污染治理复杂、数量巨大，治理工业污染的工程技术主要是化学工程和生化工程技术。

二、我国的安全生产事业

由于安全事故危害的直观性和直接性，与化工环境保护问题相比较，人们对化工安全生产问题的研究更早，更深刻，也更重视。

中华人民共和国成立后，先后颁布了《中华人民共和国安全生产法》《石油化工企业设计防火规范》《石油化工企业职业安全卫生设计规范》《石油化工剧毒、易燃、可燃介质管道施工及验收规范》等一系列劳动保护和安全生产的法律、法规、标准、规范，逐步使安全生产走上了法制化、规范化、标准化、系统化、科学化的轨道。

1. 工程建设"三同时"原则

1978年，中共中央《关于认真做好劳动保护工作的通知》以及1983年国务院批转劳动人事部、国家经委、全国总工会《关于加强安全生产和劳动安全监察工作的报告的通知》均明确规定：凡是新建、改建、扩建的工矿企业和技改工程项目，都必须有保证安全生产和消除有毒、有害物质的设施，这些设施要与主体工程同时设计、同时施工、同时投入使用（即工程建设"三同时"）。

2. 安全生产"五同时"原则

在生产活动中，企业的各级领导必须实行安全和生产的"五同时"原则：在计划、布置、检查、总结、评比生产时，同时计划、布置、检查、总结、评比安全工作。

3. 安全生产"三不放过"原则

万一发生了事故，除必须按规定向各级安全生产监督管理机构及时报告外，还必须贯彻事故处理"三不放过"原则：事故原因分析不清不放过、事故责任人和群众没有受到教育不放过、没有防范措施不放过，以吸取教训，防止同类事故再次发生。

第四节　贯彻预防战略，搞好化工环境保护和安全生产

人们对环境保护和安全生产重要性的认识过程：从不重视到重视，从少数从业人员重视到普通大众普遍重视。解决环境保护和安全生产问题的方针：从事后处理、被动处理到事前消除、主动防范。

现在我国对建设项目的环保和安全设施均要求执行"三同时"的方针，均要搞风险评估——即安全评估和环境影响评估。从项目的规划开始就考虑环保和安全问题，这种意识贯穿于项

目设计、施工、投产各个阶段。

从事环保和安全的专业人员要考虑，从事工艺、设备、建筑、仪表、控制等各个专业人员也要考虑，尤其工艺技术人员负有特别重要的责任，因为工艺路线和原料路线的选择、厂址的选择、车间和设备的布置、设备选型的选择以及设备、电气、仪表、建筑等设计条件的提出和确定都是工艺技术人员的责任，而这些因素都与环保和安全问题息息相关。

化工企业的经营管理者和技术管理者的责任和义务：应主动认真地贯彻环保和安全的预防战略，充分认识环保和安全是现代化工生产技术的两个必要组成部分，从源头解决环保和安全问题，采用本质安全和环保的"绿色产品生产技术、工艺、工程"，实现化工清洁生产，使化工生产在环保和安全问题上变被动为主动。

第二章　化工生产与安全

第一节　化工生产的特点

化工安全生产是提高企业经济效益、促进企业快速发展的重要保证。确保工人人身安全和健康是国家制度的根本要求，搞好安全生产是每个职工的重要职责。但化工生产本身客观地存在许多不安全因素，这些不安全因素是由化工生产的特点所决定的。

一、易燃易爆和易引起中毒、腐蚀、有毒有害的物质多

随着经济的发展和科学技术的进步，化工产品的生产迅猛发展。据统计，目前世界上已有化学品六百多万种，70％以上具有易燃易爆或易引起中毒、腐蚀、有毒有害特性。如合成氨生产中的氨、一氧化碳、硫化氢，有机合成生产中的甲醇、甲醛、乙醇、苯和氨基化合物等，都属于易燃易爆，或有毒有害，或易引起中毒、腐蚀的化学危险物品。尽管这些化学品给人们的生产生活带来了巨大的好处，但是如果管理不当，或生产过程中出现失误，就会引发火灾、爆炸、中毒或烧伤等事故。

二、高温高压设备多

化工生产离不开高温高压设备。例如合成氨装置，80％以上是压力容器，合成塔的工作压力达到32MPa，合成温度达到500℃。由于生产过程中采用了高温高压等技术参数，大大提高了设备的单机生产效率、产品收益率，降低了能耗，使化工生产获得了更佳的经济效益。但是由于高温高压设备的特殊性，若设计或制造不符合规定要求，设备严重腐蚀及检修或更新不及时，就会导致重大事故的发生。

三、低温、高真空、生产连续性强

化工生产还具有低温、高真空、生产连续性强等特点，如空气分离需要深冷，有机合成需要低温等。化工生产往往由一个、几个甚至几十个车间（工段）组成。车间与车间、工段与车间、工段与工段之间大多管道纵横交错，联系相当复杂，这就决定了化工生产的高度连续性。

四、生产工艺复杂，差异性大，操作要求严格

化工产品生产工艺各不相同，工艺复杂程度不尽一致。如以煤为原料的合成氨生产工艺是由我国小氮肥工艺在特定的条件下发展起来的，决定了生产工艺的复杂性，工艺流程长，生产高度连续，工艺运行参数执行要求严格。这就要求必须遵守操作规程，时时处处精心操作，否则就会导致重大事故的发生。

五、精密仪器、设备、仪表被广泛使用

随着科学技术的进步，生产工艺的不断更新改造，大量精密仪器、设备、仪表被采用。正确娴熟的操作技术、高标准的维护保养技能加上运行过程中的良好环境和稳定的工艺条件，成为发挥这些精密仪器、设备、仪表功能的关键所在，这就要求化工企业全面加强管理，实现现代化操作。

六、工艺、设备、技术状况不稳定，隐患多

许多化工企业始建初期，受当时客观实际情况的限制，工艺设计不尽合理，设备不配套。虽经过技术更新与改造，但仍然存在诸如设备超期服役、运行波动等问题，从而导致工艺、设备事故隐患多，事故发生率上升。

七、三废多，污染严重

化工生产"三废"多、污染严重，节能减排任务繁重。这就要求化工生产过程中采用"绿色工艺"，从源头保证生产过程中"三废"少。对"三废"的处理，做到达标排放，防止污染事故的发生。

八、提高职工素质，适应生产发展的需要

现代化工生产自动化程度较高，操作条件复杂，要依靠正确的指挥和严格的操作，来控制工艺参数和生产正常运行。新技术、新工艺的采用，对职工的素质提出了更高的要求，需要不断提高职工业务技术素质和判断处理事故的能力，以适应化工生产发展的需要。

综上所述，化工生产潜在地存在着许多不安全因素，因此，随着化学工业的迅速发展，安全技术和安全生产管理工作在化工生产中显得越来越重要。

第二节　化工安全生产规章制度

搞好安全生产，必须执行符合安全要求、科学的安全生产管理制度，否则生产秩序就无法维持，生产就无法正常进行，职工的安全与健康就得不到保障，企业就难以实现较好的经济效益和社会效益。

一、安全生产方针

"安全第一，预防为主"的安全生产基本方针，高度概括了安全工作的目的和任务，正确地反映了安全与生产的辩证统一关系。"安全第一"是指在看待和处理安全与生产以及其

他各项工作关系时，要强调安全，要把保证安全放在一切工作的首要位置。"安全第一"就是告诉一切经济管理部门和生产企业的领导者，要高度重视安全，要把安全当成头等大事来抓。"预防为主"是实现"安全第一"的前提，要实现"安全第一"，就要做到"预防为主"，防患于未然，把安全事故消灭在萌芽状态，否则，"安全第一"就成了一句空话。

二、安全生产法规与规章制度简介

（一）《中华人民共和国刑法》对违章肇事者的惩处规定中与化工生产相关的条款

第一百三十四条 在生产、作业中违反有关安全管理的规定，因而发生重大伤亡事故或者造成其他严重后果的，处三年以下有期徒刑或者拘役；情节特别恶劣的，处三年以上七年以下有期徒刑。强令他人违章冒险作业，因而发生重大伤亡事故或者造成其他严重后果的，处五年以下有期徒刑或者拘役；情节特别恶劣的，处五年以上有期徒刑。

第一百三十五条 安全生产设施或者安全生产条件不符合国家规定，因而发生重大伤亡事故或者造成其他严重后果的，对直接负责的主管人员和其他直接责任人员，处三年以下有期徒刑或者拘役；情节特别恶劣的，处三年以上七年以下有期徒刑。

第一百三十六条 违反爆炸性、易燃性、放射性、毒害性、腐蚀性物品的管理规定，在生产、储存、运输、使用中发生重大事故，造成严重后果的，处三年以下有期徒刑或者拘役；后果特别严重的，处三年以上七年以下有期徒刑。

第一百三十七条 建设单位、设计单位、施工单位、工程监理单位违反国家规定，降低工程质量标准，造成重大安全事故的，对直接责任人员，处五年以下有期徒刑或者拘役，并处罚金；后果特别严重的，处五年以上十年以下有期徒刑，并处罚金。

（二）《中华人民共和国劳动法》中对安全责任的规定

第五十二条 用人单位必须建立、健全劳动卫生制度，严格执行国家劳动安全卫生规程和标准，对劳动者进行劳动安全卫生教育，防止劳动过程中的事故，减少职业危害。

第五十三条 劳动安全卫生设施必须符合国家规定的标准。新建、改建、扩建工程的劳动安全卫生设施必须与主体同时设计、同时施工、同时投入生产和使用。

第五十四条 用人单位必须为劳动者提供符合国家规定的劳动安全卫生条件和必要的劳动防护用品，对从事有职业危害作业的劳动者应当定期进行健康检查。

第五十五条 从事特种作业的劳动者必须经过专门培训并取得特种作业资格。

第五十六条 劳动者在劳动过程中必须严格遵守安全操作规程。劳动者对用人单位管理人员违章指挥、强令冒险作业，有权拒绝执行；对危害生命安全和身体健康的行为，有权提出批评、检举和控告。

第五十七条 国家建立伤亡和职业病统计报告和处理制度。县级以上各级人民政府劳动行政部门、有关部门和用人单位应当依法对劳动者在劳动过程中发生的伤亡事故和劳动者的职业病状况，进行统计、报告和处理。

（三）有关安全生产责任制的法律条文

安全生产责任制是企业最基本的一项安全制度，是一系列安全生产及劳动保护法规制度的核心。对于企业建立健全安全生产责任制，国家颁布了一系列的法律法规。安全教育就是把国家安全生产方针、政策和一系列法规制度、安全管理和技术内容，详尽地告知全体职工，使广大职工关心安全，提高安全意识，增强法制观念。安全教育的内容一般包括：

① 安全生产思想教育（方针、政策、法规、劳动纪律等）。

② 安全生产技术知识教育及安全系统管理基础知识教育。

三、安全生产的基本要求

① 正（副）厂长（经理）、正副总工程师等企业的各级管理人员，必须熟悉国家颁发的劳动保护、环境保护法令、法规，并认真贯彻执行，坚持"安全第一，预防为主"的方针，以主要负责人为安全第一责任人。把安全工作作为本职工作中的重要内容来抓，绝不允许管理人员以企业效益为由，单纯考虑产量而忽视安全管理工作。

② 必须认真搞好职工的技术训练和安全技术教育，做到"四懂""三会"和"四个过得硬"。"四懂"即懂性能、懂原理、懂构造、懂工艺流程；"三会"即会操作、会维护保养、会排除故障；"四个过得硬"即设备过得硬、操作过得硬、质量过得硬、在复杂情况下过得硬。上岗人员必须经过三级安全教育和专业培训，考试合格后，凭安全作业证独立上岗操作。

③ 安全技术干部应按国家规定配备，保持相对稳定。

④ 每个企业的生产指挥系统必须健全。各级生产人员在工作期间，要严格遵守各项规章制度和劳动纪律，指挥人员职责明确，做到指挥畅通、正确有效，杜绝违章指挥和盲目指挥；生产工人要坚守岗位，不串岗、不脱岗和不做与岗位操作无关的事。

⑤ 企业出现事故，要追究有关部门各级管理人员的行政责任、领导责任直至刑事责任。特别要对违章指挥、违章作业造成事故的责任人加重处罚。生产中必须严格执行岗位责任制、巡回检查制、交接班制等。

⑥ 必须严格执行严禁吸烟的规定，进入厂门，交出烟火。

⑦ 严格执行工艺指标，禁止设备超温、超压、超负荷运行；工艺指标不得擅自更改，更不能在系统上进行试验操作。

⑧ 生产中凡遇到危及人身、设备安全，或可能发生火灾、爆炸事故等紧急情况，操作人员有权先停车后报告。

⑨ 工人有权拒绝违章指挥。

⑩ 必须定期对生产设备、管道、建（构）筑物及一切生产设施进行维修，保证其可靠性、坚固性，不准带病运行。压力容器的维修、检验等应根据压力容器安全管理制度进行。

⑪ 在厂区内行走时，要注意防止运转设备尖锐物、地沟和阴井伤人。禁止在下列场所逗留：a. 运转中的起重设备下面；b. 有毒气体、酸类的管道、容器下面；c. 易产生碎片和粉尘的工作场所；d. 正在进行电气焊接的工作场所；e. 正在进行金属物件探伤的场所附近。

⑫ 厂区内严禁儿童及无关人员进入；职工进入生产岗位前，必须按规定穿工作服、戴工作帽和使用其他劳动保护用品。

⑬ 凡存有各种酸、碱等强腐蚀性物料的岗位，应设有事故处理水源和备用药物。

⑭ 为防止突然停电、停水、停汽而造成事故，各岗位应有紧急停车处理的具体措施和根据需要设置事故电源。

⑮ 非自己负责的机械设备和物品，禁止动用。

⑯ 要熟练掌握预防中毒和事故状态下的急救方法，对防护器材要做到懂性能、会正确使用。

⑰ 车间禁止堆放油布、破布、废油等易燃物品，现场禁止烘烤衣物和食品。

⑱ 被易燃液体浸过的工作服，严禁穿到有明火作业的现场。

⑲ 对规格、性能不明的材料禁止使用，不明重量的物体严禁起吊。

⑳ 厂区和车间内的各种用水，在未辨明的情况下，禁止饮用或用于洗手。

㉑ 新企业、新车间投产前，新技术、新工艺使用前，必须制定工艺规程、操作规程、安全技术规程和其他有关的制度。

㉒ 设备管道的涂色应符合《石油化工设备管道钢结构表面色和标志规定》（SH/T 3043—2014）的规定。

㉓ 各级生产指挥人员，对安全生产负有不可推卸的责任，到生产现场必须佩戴明显的安全标志；指挥生产的同时，切实关心注意安全生产情况，特别要及时制止和纠正违章现象。

㉔ 进入生产现场的外来人员必须戴安全帽，有条件的单位还应临时提供工作服。

四、化工安全生产禁令

（一）生产厂区十四个不准

① 加强明火管理，厂区内不准吸烟。

② 生产区内不准未成年人进入。

③ 上班时间不准睡觉、干私活、离岗和从事与生产无关的事。

④ 在班前、班上不准喝酒。

⑤ 不准使用汽油等挥发性强的易燃液体擦洗设备、用具和衣物。

⑥ 不按规定穿戴劳动保护用品，不准进入生产岗位。

⑦ 安全装置不齐全的设备不准使用。

⑧ 不是自己分管的设备、工具不准动用。

⑨ 检修设备安全措施不落实，不准开始检修。

⑩ 停机检修后的设备，未经彻底检查，不准启动。

⑪ 未办高处作业证，不系安全带，脚手架、跳板不牢，不准登高作业。

⑫ 石棉瓦上不固定好跳板，不准作业。

⑬ 未安装触电保护器的移动或电动工具，不准使用。

⑭ 未取得安全作业证的职工，不准独立作业；特殊工种职工，未经取证，不准作业。

（二）进入容器、设备的八个必须

化工生产中的容器，设备主要有塔、罐、釜、箱、槽、柜、池、管及各种机械动力传动、电气设备等，还包括一些附属设施，如阴井、地沟、水池等，由于生产中介质冲刷腐蚀、磨损等原因，需经常进行检查、维修、清扫等工作。进入容器、设备内作业，保证安全工作是必需的。"进入容器、设备的八个必须"正是针对进入容器、设备内作业的不利因素而制定的。它既是对客观规律的科学总结，也是经过无数事故而获得的血的经验教训，内容概括如下：

① 必须申请办证并得到批准。往往由于生产情况的变化及本身条件所限，容器、设备内情况十分复杂，检修工若盲目进入，就有可能会发生窒息、中毒、灼伤和容器内着火爆炸

事故。为了确保进入容器、设备工作人员的安全，首先必须按规定办理进入容器、设备作业证，并得到批准。

② 必须进行安全隔绝。安全隔绝主要是将人员要进入的工作场所，与某些可能产生事故的危险因素严格隔绝开来，即阻断容器、设备与物料、介质等的联系，以防止因阀门关闭不严或误操作而使易燃易爆、有毒介质窜入检修设备容器内，以及由于未切断电源而造成人身伤亡事故的发生。

③ 必须切断动力电，并使用安全灯具。

④ 必须进行置换、通风。由于设备容器通常在泄压排放后，内部仍残留部分有毒有害、易燃易爆气体和物料，所以必须先进行置换、通风，取样分析合格后，作业人员才能进入。

⑤ 必须按时间要求进行安全分析。按时进行安全分析，旨在保证作业者的安全和掌握作业过程中的情况变化。进入塔、罐主要分析氧含量，应达到19％～22％（体积分数）为合格。

⑥ 必须佩戴规定的防护用具。进入容器、设备内工作的危险性很大，尽管采取了相应的措施予以清除，但有些部位的安全隐患仍无法消除和预见，例如，容器设备底部的沉积物和有毒有害物质因动火高温导致二次挥发等。从这个意义上说，工作人员佩戴规定的防护用具是防止自身免受伤害的最后一道防线，如果不按规定佩戴，就可能发生中毒等伤害。

⑦ 必须有人在器外监护，并坚守岗位。人进入设备、容器内作业，除存在易中毒、易窒息、易触电等危险性因素外，人员进出困难、联系不便而造成发生事故后不易被发现，导致事故危险的扩大而造成伤亡事故，这就要求必须有人在器外监护。各类事故的发生往往是在意料不到的情况下发生的，这就要求监护人员坚守岗位，切实履行自己的职责，密切注视被监护人的工作状况，才能有效地防止事故的发生和扩大。

⑧ 必须有抢救后备措施。由于进入容器、设备内作业可能发生各种意外事故，而备有抢救后备措施正是为了在这种情况下能及时、迅速、正确地对受伤者进行急救和处理，为挽救伤病员的生命、减少事故损失创造良好条件。

（三）动火作业六大禁令

化工企业设备、管道在运行中受到内部介质的压力、温度、化学与电化学腐蚀的作用，以及结构、材料的缺陷等可能产生裂缝、穿孔，因此，在生产过程中经常要对存有易燃、易爆介质的设备、管道进行动火作业。由于化工生产的特点，动火作业稍有不慎都能引起火灾、爆炸或中毒事故的发生。

（1）动火证未经批准，禁止动火

动火证是化工企业执行动火管理制度的一种必要形式。办理动火证又是具体落实动火安全措施的过程。批准了的动火证既是具体落实动火的指令，又是动火的原始凭据，在禁火区内持有经过批准的动火证动火，就能有效地防止火灾、爆炸事故的发生。

（2）不与生产系统可靠隔绝，禁止动火

化工生产工艺流程连续性强、设备管道紧密相连，且管道、设备内的介质大都是易燃、易爆、易中毒介质，在这种情况下进行动火作业，就必须与生产系统可靠隔绝。

（3）不清洗、置换不合格，禁止动火

化工生产设备、管道内有易燃、易爆、有毒物质，动火检修前，就必须按要求将设备、管道内的易燃、易爆、有毒物质彻底清洗、置换合格；否则，一旦与空气混合，即可能发生火灾、爆炸事故。

（4）不清除周围易燃物，禁止动火

化工生产具有边生产边检修的特点，虽然对动火检修的设备、管道进行了一系列清洁处理，但这仅仅是动火前应采取的安全措施中的一个方面，还必须检查和清除动火现场及周围的易燃、易爆物质，并采取相应措施。

（5）不按时作动火分析，禁止动火

按时作动火分析是防止火灾、爆炸事故发生的关键措施。对于需要动火检修的设备、管道及动火周围是否存在可燃物，审批人员必须到现场用相关仪器检测合格，办理动火证后才能进行施工。

（6）没有消防措施，禁止动火

配备足够的消防器材，专人监护是针对一切动火工作的重要措施。由于动火作业现场环境复杂，当生产不正常或动火条件突然变化时，火灾、爆炸事故随时有可能发生。如果事先准备好消防器材，落实好监护人，一旦发生了动火现场着火，或危及安全动火的异常情况时，可立即制止动火，并及时进行扑救，避免事故扩大，以减少损失。

（四）操作工六严格

生产操作是化工生产过程的一个重要组成部分，各种生产指令要通过操作来执行，要求化工系统的全体操作人员都要做到"操作工六严格"。

（1）严格执行交接班制

交接班是操作过程中相互衔接、协调的过程，是保证生产连续正常进行的重要环节。由于化工生产具有高度的连续性，它决定了需要几个班次的工人交替作业，这就要求交班人员必须如实地将本班生产设备运行、存在的问题及消除情况交代给接班人员，接班人员要根据交班人员提供的情况进行检查，才能保证生产、设备的正常运行。

交接班应做到：准时、对口交接、严格认真、谨慎细致、坚持做好"五交""五不交"。

五交：一交本班生产、工艺指标，产品质量和完成任务情况；二交机电设备、仪表运行和使用情况及设备跑、冒、滴、漏情况；三交不安全因素，采取的预防措施；四交岗位区域是否清洁；五交上级指令、要求和注意事项。

五不交：生产不正常、事故隐患未处理、安全措施未落实不交；原始记录不清不交；设备情况不明不交；安全用品、工具不完好不交；岗位卫生不清洁不交。

（2）严格进行巡回检查

化工生产比较复杂，主辅机设备繁多，温度、压力指标要求严格，操作中心必须严格控制各种工艺指标，了解主辅机设备运行情况和可能发生的意外情况，必须通过巡回检查来实现。巡回检查的内容有：查工艺指标、查设备、查安全附件；查跑、冒、滴、漏及物料外泄等。

（3）严格控制工艺指标

工艺指标不仅关系到生产能否顺利进行，更重要的是影响生产过程的安全和产品质量，这就要求操作人员严格控制工艺指标，确保生产过程中的安全和产品质量。

（4）严格执行操作票

在化工生产过程中，为协调各部门的关系，完成某项任务而下达各项指令，传递各种信息，就要求严格执行操作票。严格实行操作票制度是克服化工企业管理不善、生产指挥系统混乱，提高安全管理水平的重要措施。

（5）严格遵守劳动纪律

现代化工生产是靠劳动纪律来保证的，严密的劳动组织又是靠劳动纪律来维持的。这就要求操作人员时刻注意和掌握生产变化情况，否则稍不留心，就有酿成厂毁人亡的灾害危险。

（6）严格执行安全规程

安全规程（规定）是从血的教训中不断总结出来的，反映了工业生产的客观规律，是搞好安全生产的重要保证。

五、安全生产责任制

安全生产责任制是企业的一项基本制度，是安全生产及劳动保护制度的核心。

（一）基本原则

本着"安全生产，人人有责"的精神，对企业各级领导、职能部门、工程技术、管理人员及全体职工，在各自的岗位上的实际安全生产责任明确加以规定，把管生产必须管安全从制度上固定下来。其基本原则如下：

① 企业安全工作实行各级行政首长负责制。

② 企业的各级领导人员和职能部门应在各自的工作范围内，对实现安全生产和文明生产负责，同时向各自的行政首长负责。

③ 安全生产，人人有责，每个职工必须认真履行各自的安全职责，做到各有其责，各负其责。

（二）工人的安全职责

① 参加安全知识学习，严格遵守各项安全规章制度。

② 认真执行交接班制度，接班前必须认真检查本岗位的设备和安全设施是否齐全完好。

③ 精心操作，严格执行工艺规程，遵章守纪，记录清晰、真实、整洁。

④ 按时巡回检查，准确分析、判断和处理生产过程中的异常情况。

⑤ 认真维护保养设备，发现缺陷及时消除并做好记录，保持作业场所清洁。

⑥ 正确使用、妥善保管各种劳动安全防护用品、器具和防护器材。

⑦ 不违章作业，并劝阻或制止他人违章作业，对违章指挥有权拒绝执行，同时及时向领导报告。

第三节　化工生产安全色标

安全色标就是用特定的颜色，形象而醒目地给人们以提示、提醒、指示、警告或命令。

一、安全色

颜色可分为两类，即彩色和非彩色，白色和黑色属于非彩色，其他为彩色。安全色属彩色类，黑色和白色是安全色的对比色。由于安全色是表达"禁止""警告""指令"和"提示"等安全信息含义的颜色，所以要求必须容易辨认和引人注目。《安全色》（GB 2893—2008）规定采用红、黄、蓝、绿四种颜色。安全色的含义及用途见表2-1。

表 2-1 安全色的含义及用途 (GB 2893—2008)

颜 色	含 义	用途举例
红色	禁止 停止	禁止标志 停止信号:机器、车辆上的紧急停止手柄或按钮,以及禁止人们触动的部位 红色也表示防火
蓝色	指令 必须遵守	指令标志:如必须佩戴个人防护用具 道路上指引车辆和行人行驶方向的指令
黄色	警告 注意	警告标志 警戒标志:如厂内危险机器和坑池边周围的警戒线,行车道中线
绿色	提示 安全状态通行	提示标志 车间的安全通道 行人和车辆的通行标志 消防设备和其他安全设备的位置

注:1. 蓝色只有与几何图形同时使用时才表示指令。

2. 为了不与道路两侧绿色行道树相混淆,道路上的提示标志用蓝色。

为了使安全色被衬托得更醒目,规定白色和黑色作为安全色的对比色。黄色的对比色为黑色,红、绿、蓝色的对比色为白色。必须指出,无论是红色、蓝色、黄色或绿色,必须是作为安全标志,或表示以安全为目的时才能称为安全色;否则,即使使用这四种颜色,也只能称为颜色,不能称为安全色。表 2-2 给出了间隔条纹标志的含义和用途。

表 2-2 间隔条纹标志的含义和用途

颜 色	含 义	用途举例
红色与白色	禁止越过	交通、公路上用的防护栏杆
黄色与黑色	警告危险	工矿企业内部的防护栏杆 吊车吊钩的滑轮架 铁路和公路交通道口上的防护栏杆

二、安全标志

安全标志由安全色、几何图形和图形符号构成,其目的是要引起人们对不安全因素的注意,预防事故发生。在《安全标志》中规定了 56 个安全标志。这些标志按含义来划分,可分为四大类,即禁止、警告、指令和提示,并用四种不同的几何图形来表示。

除了四种不同几何图形所表示不同含义的安全标志,还要介绍"安全补充标志"。安全补充标志就是在每个安全标志下方标有文字,补充说明安全标志的含义;安全补充标志的文字可以横写,也可以竖写,详见表 2-3。

表 2-3 安全补充标志的有关规定

安全补充标志的写法	横 写	竖写(黑体字)
背景	禁止标志——红色 警告标志——白色 指令标志——蓝色	白色
文字颜色	禁止标志——白色 警告标志——黑色 指令标志——白色	黑色
字体部位形状及尺寸	字体:黑体字 部位:在标志的下方,可以和标志连在一起,也可以分开 形状:长方形	在标志的上部 长 500mm

第三章 防火防爆安全技术

第一节 点火源的控制

一、案例

某年 10 月，日本某公司化工厂氯乙烯单体生产装置发生了一起重大爆炸火灾事故。伤亡 24 人，其中死亡 1 人。建筑物被毁 7200m²，损坏各种设备 1200 台，烧掉氯乙烯等各种气体 170t。由于燃烧产生氯化氢气体，造成农作物受害面积约 160000m²。当时生产装置正处于检修状态，要检修氯乙烯单体过滤器，因入口阀门关闭不严，单体由储罐流入过滤器，无法进行检修，又用扳手去关阀门，因用力过大，阀门支撑筋被拧断。阀门杆被液体氯乙烯单体顶起呈全开状态，4t 氯乙烯单体从储罐经过过滤器开口处全部喷出，弥漫 12000m²厂区。

事故原因：值班长在切断电源时产生火花引起爆炸。

二、明火的管理与控制

明火：加热用火、维修用火及其他火源。

（一）加热用火

加热易燃液体时，应尽量避免采用明火，而采用蒸汽、过热水、中间载热体或电热等；如果必须采用明火，则设备应严格密闭，并定期检查，防止泄漏。工艺装置中明火设备的布置，应远离可能泄漏的可燃气体或蒸气的工艺设备及储罐区；在积存有可燃气体、蒸气的地沟、深坑、下水道内及其附近，没有消除危险之前，不能进行明火作业。在确定的禁火区内，要加强管理，杜绝明火的存在。

（二）维修用火

维修用火主要是指焊割、喷灯、熬炼用火等。在有火灾爆炸危险的厂房内，应尽量避免焊割，凡动火，须将可燃物清理干净，防止烟道串火和熬锅破漏，防止物料过满而溢出，严格执行动火安全规定。

（三）其他火源

烟囱飞火，机动车的排气管喷火，都可以引起可燃气体、蒸气的燃烧爆炸。

三、高温表面的管理与控制

在化工生产中，加热装置、高温物料输送管线及机泵等，其表面温度较高，要防止可燃物落在上面，引燃着火。可燃物的排放要远离高温表面。

四、电气火花及电弧的管理与控制

电火花是电极间的击穿放电，电弧则是大量的电火花汇集的结果。电火花分为工作火花和事故火花。工作火花是指电气设备正常工作时或正常操作过程中产生的火花。为了满足化工生产的防爆要求，必须了解并正确选择防爆电气设备的类型。

（1）防爆电气设备类型

防爆电气设备在标志中除了标出类型外，还标出适用的分级分组。防爆电气标志一般由四部分组成，以字母或数字表示。由左至右依次为：防爆电气设备类型的标志＋Ⅱ（即工厂用防爆电气设备）＋爆炸混合物的级别＋爆炸混合物的组别。

（2）防爆电气设备的选型

① 隔爆型电气设备。

② 增安型电气设备，是在正常运行情况下不产生电弧、火花或危险温度的电气设备。它可用于1区和2区危险场所，价格适中，可广泛使用。

③ 正压型电气设备，能阻止外部爆炸性气体进入设备内部引起爆炸，可用于1区和2区危险场所。

④ 本质安全型电气设备，是由本质安全电路构成的电气设备。

⑤ 充油型电气设备，用于运行中经常产生电火花以及有活动部件的电气设备。

⑥ 充砂型电气设备。

⑦ 无火花型电气设备。

⑧ 防爆特殊型电气设备。该类设备必须经指定的鉴定单位检验。

（3）燃烧与爆炸

燃烧必须在可燃物质、助燃物质和点火源这三个基本条件同时具备时才能发生。根据燃烧的起因不同分为闪燃、着火和自燃三类。爆炸是物质在瞬间以机械功的形式释放出大量气体和能量的现象。爆炸分为物理性爆炸、化学性爆炸及粉尘爆炸。

五、静电的管理与控制

化工生产中，物料、装置、器材、构筑物以及人体所产生的静电积累，对安全已构成严重威胁。静电防护主要有工艺控制法、泄漏接地法和中和法。下列生产设备应有可靠的接地：输送可燃气体和易燃液体的管道以及各种闸门、灌油设备和油槽车；通风管道上的金属过滤网；生产或加工易燃液体和可燃气体的设备储罐；输送可燃粉尘的管道和生产粉尘的设备以及其他能够产生静电的生产设备。

六、摩擦与撞击的管理与控制

① 设备应保持良好的润滑，并严格保持一定的油位。

② 搬运盛装可燃气体或易燃液体的金属容器时，严禁抛掷、拖拉、震动，防止因摩擦与撞击而产生火花。

③ 防止铁器等落入粉碎机、反应器等设备内因撞击而产生火花。

④ 防爆生产场所禁止穿带铁钉的鞋。

⑤ 禁止使用铁制工具。

第二节　火灾爆炸危险物质的处理

化工生产中存在火灾爆炸危险物质时，应采取替代物、密闭或通风、惰性介质保护等多种措施防范处理。

一、案例

某年 9 月 19 日 1 时左右，某集团公司汽运公司的汽车满载 45 桶黄磷由宜昌方向行驶至某电站附近发生交通事故，致使黄磷燃烧发生爆炸，造成 18 桶黄磷散落到车外，并造成 1 名行人前额受伤。

事故发生后，李某立即拦车将受伤人送往医院抢救，并与汽运公司取得联系。公司随即派人前往出事地点，因没有对散落黄磷进行仔细查看，而是急于前往医院，致使 1 桶黄磷因落地时被撞破，桶内的水流尽后于 3 时左右发生黄磷自燃，引起大火。当地消防大队 7 时 30 分左右将大火扑灭。该事故造成黄磷损失达 3.86t，18 个包装桶报废，车辆严重受损，直接经济损失达 4 万元左右。

事故原因：黄磷接触空气能自燃并引起燃烧和爆炸。

二、火灾爆炸危险物质的处理方法

（一）用难燃或不燃物质代替可燃物质

选择危险性较小的液体时，沸点及蒸气压很重要，因为沸点在 110℃ 以上的液体，常温下不能形成爆炸浓度。例如 20℃ 时，蒸气压为 800Pa 的乙酸戊酯，其浓度 $c = 44g/m^3$，而其爆炸浓度范围为 119～541g/m³，常温下的浓度仅为爆炸下限的 1/3 左右。

（二）根据物质的危险特性采取措施

对本身具有自燃能力的油脂以及遇空气自燃、遇水燃烧爆炸的物质等，应采取隔绝空气、防水、防潮或通风、散热、降温等措施，以防止物质自燃或发生爆炸。相互接触能引起燃烧爆炸的物质不能混存，遇酸、碱易分解爆炸的物质应防止与酸、碱接触，对机械作用比较敏感的物质要轻拿轻放。易燃、可燃气体和液体蒸气要根据它们的密度采取相应的处理方法。根据物质的沸点、饱和蒸气压考虑设备的耐压强度、储存温度、保温降温措施等。根据它们的闪点、爆炸范围、扩散性等采取相应的防火防爆措施。某些物质如乙醚等，受到阳光作用可生成危险的过氧化物，因此，这些物质应存放于金属桶或暗色的玻璃瓶中。

（三）密闭与通风措施

（1）密闭措施

为防止易燃气体、蒸气和可燃性粉尘与空气构成爆炸性混合物，应设法使设备密闭。加压设备防逸出，负压设备防进入空气。如设备本身不能密闭，可采用液封。例如在焙烧炉、燃烧室及吸收装置中都是采用这种方法。

（2）通风措施

实际生产中，还要借助通风措施来降低车间空气中可燃物的含量。通风方式可分为机械通风和自然通风。其中，机械通风可分为排风和送风。

（四）惰性介质保护

化工生产中常将氮气、二氧化碳、水蒸气及烟道气等惰性介质用于以下几个方面。

① 易燃固体物质的粉碎、研磨、筛分、混合以及粉状物料输送等的保护。

② 可燃气体混合物在处理过程中加入惰性介质保护。

③ 具有着火爆炸危险的工艺装置、储罐、管线等配备惰性介质，以备在发生危险时使用。可燃气体的排气系统尾部常用氮封。

④ 采用惰性介质（氮气）压送易燃液体。

⑤ 爆炸性危险场所中，非防爆电器、仪表等的充氮保护以及防腐蚀等。

⑥ 有着火危险的设备的停车检修处理。

⑦ 危险物料泄漏时用惰性介质稀释。

例如，氢气的充填系统最好备有高压氮气，地下苯储罐周围应配有高压蒸气管线等。化工生产中惰性介质的需用量取决于系统中氧浓度的下降值。使用惰性气体时必须注意防止使人窒息。

第三节　工艺参数的安全控制

一、案例

某年 10 月 21 日 13 时，某公司炼油厂油品分厂半成品车间工人黄某在当班期间，发现 310 号油罐油面高度已达 14.21m，接近 14.3m 警戒高度，黄某马上向该厂总调度报告，并向总调度请示 310 号油罐汽油调和量。根据总调度的指示，黄某进入罐区将油切换至 304 号油罐。13 时 30 分左右，黄某在给 310 号油罐做汽油调合流程准备时，本应打开 310 号罐 D400 出口阀门，却误开了 311 号油罐 D400 出口阀门。15 时许，黄某开启 11A 号泵欲对 310 号油罐进行自循环调和，由于错开了 311 号 D400 出口阀门，实际上此时 310 号油罐不是在自循环，而是将 311 号罐中的汽油抽入 310 号油罐。15 时 40 分，仪表工陈某从计算机显示屏上发现 310 号油罐油面不断上升，随后计算机开始"高位报警"，陈某当即让黄某到罐区去核实 310 号罐的油面高度，黄某却误认为是计算机不准确，未去核实也未采取其他措施。16 时，在交班时违反规定，没有在油罐现场进行交接班，也未核实油罐流程。17 时 50 分，310 号油罐的汽油开始外冒，部分汽油挥发，在空气中形成爆炸性混合气体。18 时 15 分，某建筑公司工人吕某驾驶手扶拖拉机路过罐区 11 号路时，排气管排出的火星遇空气中的爆炸混合气体发生起火爆炸，吕某被当场烧死，当班工人被严重烧伤抢救无效死亡。310 号油罐当即燃烧，17h 后被扑灭。

事故原因：外冒的汽油因环境温度较高，致使部分汽油挥发，在空气中形成爆炸性混合气体，遇到排气管排出的火星发生起火爆炸。

二、温度控制

温度是化工生产中的主要控制参数之一。

（一）控制反应温度

化学反应一般都伴随有热效应，放出或吸收一定热量。例如基本有机合成中的各种氧化反应、氯化反应、聚合反应等均是放热反应；而各种裂解反应、脱氢反应、脱水反应等则为吸热反应。通常利用热交换设备来调节装置的温度。

（二）防止搅拌意外中断

例如采取双路供电，增设人工搅拌装置、自动停止加料设置及有效的降温手段等。

（三）正确选择传热介质

① 避免使用和反应物料性质相抵触的介质作为传热介质。

② 防止传热面结疤。

三、投料控制

投料控制主要是指对投料速度、配比、顺序、原料纯度以及投料量的控制。

① 投料速度；

② 投料配比；

③ 投料顺序；

④ 原料纯度；

⑤ 投料量。

四、溢料和泄漏的控制

物料的溢出和泄漏，通常是由人为操作错误、反应失去控制、设备损坏等原因造成的。可从工艺指标控制、设备结构形式等方面采取相应的措施。加强维护管理，防止物料跑、冒、滴、漏。特别要防止易燃、易爆物料渗入保温层。对于接触易燃物的保温材料要采取防渗漏措施。

五、自动控制与安全保护装置

（一）自动控制

化工自动化生产中，主要是对连续变化的参数进行自动调节。对于在生产控制中要求一组机构按照一定时间间隔作周期性动作，如合成氨生产中原料气的制造，要求一组阀门按一定的要求作周期性切换，就可采用自动程序控制系统来实现。

（二）安全保护装置

（1）信号报警装置

化工生产中，在出现危险状态时信号报警装置警告操作者及时采取措施，消除隐患。发出信号的形式一般为声、光等，通常都与测量仪表相联系。信号报警装置只能提醒操作者注意已经发生的不正常情况或故障，不能自动排除故障。

（2）保险装置

如锅炉、压力容器上装设的安全阀和防爆片等安全装置。

（3）安全联锁装置

安全联锁装置是对操作顺序有特定安全要求、防止误操作的一种安全装置，分为机械联锁和电气联锁。常见的安全联锁装置用于以下几种情况：

① 同时或依次放两种液体或气体时。

② 在反应终止需要惰性气体保护时。

③ 打开设备前预先解除压力或需要降温时。

④ 当两个或多个部件、设备、机器由于操作错误容易引起事故时。

⑤ 当工艺控制参数达到某极限值，开启处理装置时。

⑥ 某危险区域或部位禁止人员入内时。

第四节　防火防爆的设施控制

一、案例

某年 2 月 22 日 17 时河北某化工有限公司乳化炸药生产车间在生产设备调试过程中发生爆炸事故，标高为 2m 的平台的乳化器发生爆炸，引发了该平台约 600kg 炸药爆炸，并引起了 20m 远处堆积的 2~3t 成品炸药爆炸。事故造成 13 人死亡，1 人重伤，工厂及生产设备基本被摧毁。

事故原因：违反操作规程，防护设备失效，成品库距生产现场太近。

二、安全防范设计

化工生产中，安全防范设计是事故预防的第一关。因某些设备与装置危险性较大，应采取分区隔离、露天布置和远距离操纵等措施。

三、阻火装置防火

阻火装置的作用是防止外部火焰蹿入有火灾爆炸危险的设备、管道、容器，或阻止火焰在设备或管道间蔓延。阻火装置主要包括阻火器、安全液封、单向阀、阻火闸门等。

阻火器的工作原理是使火焰在管中蔓延的速度随着管径的减小而减小，最后可以达到一个火焰不蔓延的临界直径。

阻火器有金属网、砾石和波纹金属片等形式。

① 金属网阻火器。其是用若干具有一定孔径的金属网把空间分隔成许多小孔隙。对一般有机溶剂采用 4 层金属网即可阻止火焰蔓延，通常采用 6~12 层。

② 砾石阻火器。使阻火器内的空间被分隔成许多非直线性小孔隙，能有效地阻止火焰的蔓延，其阻火效果比金属网阻火器更好。阻火介质的直径一般为 3~4mm。

③ 波纹金属片阻火器。0.1~0.2mm 厚的不锈钢带压制而成波纹形，形成许多三角形孔隙阻止火焰通过，阻火层厚度一般不大于 50mm。

第五节　消防安全

一、案例

某单位检修加氢反应器的催化剂循环泵和催化剂分离器下部的排出阀过程中，打开反应器顶上的手孔，通入约 2MPa 压力的 CO_2，直到吹空为止。然后几名操作工对离反应器底

19

部 1.524m 处的阀门进行检修。就在此时，反应器中发出轰轰的声音，接着反应器下部喷出火来，使环己醇起火。立刻用 CO_2 灭火器扑灭。

事故原因：置换不彻底；打开阀门后产生可燃性混合气体。

二、常见初起火灾的扑救

（一）生产装置初起火灾的扑救

① 迅速查清着火部位、着火物质的来源，及时准确地关闭阀门，切断物料来源及各种加热源；开启冷却水、消防蒸汽等，进行有效冷却或有效隔离；关闭通风装置，防止风助火势或沿通风管道蔓延，从而有效地控制火势以利于灭火。

② 带有压力的设备物料泄漏引起着火时，应切断进料并及时开启泄压阀门，进行紧急放空，同时将物料排入火炬系统或其他安全部位，以利于灭火。

③ 现场当班人员应迅速果断地做出是否停车的决定，并及时向厂调度室报告情况和向消防部门报警。

④ 当班的班长应对装置采取准确的工艺措施，并充分利用现有的消防设施及灭火器材进行灭火。若难以扑灭，则要采取防止火势蔓延的措施，保护要害部位，转移危险物质。

⑤ 在专业消防人员到达火场时，生产装置的负责人应主动向消防指挥人员介绍情况，说明着火部位、物质情况、设备及工艺状况，以及已采取的措施等。

（二）易燃、可燃液体储罐初起火灾的扑救

① 易燃、可燃液体储罐发生着火、爆炸，特别是罐区某一储罐发生着火、爆炸是非常危险的。一旦发现火情，应迅速向消防部门报警，并向厂调度室报告。

② 若着火罐尚在进料，必须采取措施迅速切断进料。如无法关闭进料阀，可在消防水枪的掩护下进行抢关，或通知送料单位停止送料。

③ 若着火罐区有固定泡沫发生站，则应立即启动该装置。开通着火罐的泡沫阀门，利用泡沫灭火。

④ 若着火罐为压力装置，应迅速打开水喷淋设施，对着火罐和邻近储罐进行冷却保护，以防止升温、升压引起爆炸，打开紧急放空阀门进行安全泄压。

⑤ 火场指挥员应根据具体情况，组织人员采取有效措施防止物料流散，避免火势扩大，并注意对邻近储罐的保护以及减少人员伤亡。

（三）电气火灾的扑救

（1）电气火灾的特点

电气设备着火时，着火场所的很多电气设备可能是带电的。应注意接触电压和跨步电压；同时还有一些设备着火时是绝缘油在燃烧。

（2）安全措施

扑救电气火灾时，应首先切断电源。切断电源时应严格按照规程要求操作。

① 火灾发生后，电气设备绝缘已经受损，应用绝缘良好的工具操作。

② 选好电源切断点。切断电源地点要选择适当，夜间切断要考虑临时照明问题。

③ 若需剪断电线时，应避免电线落地造成短路或触电事故。

④ 切断电源时如需电力等部门配合，应迅速联系，报告情况，提出断电要求。

（3）带电扑救时的特殊安全措施

① 带电体与人体保持必要的安全距离。一般室内应大于 4m，室外不应小于 8m。

② 选用不导电灭火剂对电气设备灭火。机体喷嘴与带电体保持最小距离。用水枪喷射灭火时，水枪喷嘴处应有接地措施，保持安全距离并使用绝缘护具。

③ 对架空线路及空中设备灭火时，人体位置与带电体之间的仰角不超过 45°。

（4）充油设备的灭火

① 充油设备外部着火，可用二氧化碳、干粉等灭火器灭火。油坑中及地面上的油火，可用泡沫灭火。

② 充油设备灭火时，应先喷射边缘，后喷射中心，以免油火蔓延扩大。

（四）人身着火的扑救

人身着火多数是由于工作场所发生火灾、爆炸事故或扑救火灾引起的。也有因用汽油、苯、酒精、丙酮等易燃油品和溶剂擦洗机械或衣物，遇到明火或静电火花而引起的。当人身着火时，应采取如下措施：在现场抢救烧伤患者时，应特别注意保护烧伤部位，不要碰破皮肤，以防感染。大面积烧伤患者往往会因为伤势过重而休克，此时伤者的舌头易收缩而堵塞咽喉，发生窒息而死亡。在场人员将伤者的嘴撬开，将舌头拉出，保证呼吸畅通。同时用被褥将伤者轻轻裹起，送往医院治疗。

第四章　工业防毒安全

第一节　工业毒物

凡作用于人体并产生有害作用的物质都可称为毒物。而狭义的毒物概念是指少量进入人体即可导致中毒的物质。通常所说的毒物主要是指狭义的毒物。

工业毒物：指在工业生产过程中所使用或产生的毒物。

一、工业毒物的分类

全世界约有 60 多万种工业毒物。

① 按物理形态分类。可分为气体、蒸气、烟、雾、粉尘。

② 按化学类属分类。可分为无机毒物、有机毒物。

③ 按毒物作用性质分类。大致可分为刺激性毒物、窒息性毒物、麻醉性毒物、全身性毒物。

二、工业毒物进入人体的途径

工业毒物进入人体的途径有三种：即呼吸道、皮肤和消化道，其中最主要的是呼吸道，其次是皮肤，经过消化道进入人体仅在特殊情况下才会发生。

经过皮肤进入人体的毒物有以下三类：

① 能溶于脂肪或类脂质的物质。

② 能与皮肤的脂肪酸根结合的物质。

③ 具有腐蚀性的物质。

三、工业毒物在人体内的分布、生物转化及排出

（1）毒物在人体内的分布

最初阶段，血流量丰富的器官，毒物量最高。之后，按不同毒物对各器官的亲和力及对细胞膜的通透能力毒物又重新分布，使某些毒物在某些器官或组织的量相对较高。

（2）毒物的生物转化

有的可直接损害细胞的正常生理和生化功能，而多数毒物在体内需经过转化才能发挥其毒性作用。生物转化过程一般分为两步进行：第一步包括氧化、还原和水解，三者可以任意

组合；第二步为结合。

一般而言，生物转化是一个解毒过程，但也有些化合物，经转化后的代谢产物比原来物质毒性更大，称为代谢活化。

（3）毒物的排出

主要排出途径是肾、肝胆、肺，其次是汗腺、唾液、乳汁、头发和指甲等。

第二节 急性中毒的现场救护

救护者在进入危险区抢救之前，首先要做好呼吸系统和皮肤的个人防护，佩戴好供氧式防毒面具或氧气呼吸器，穿好防护服。进入设备内抢救时要系上安全带，然后再进行抢救。否则，不但中毒者不能获救，救护者也会中毒，致使中毒事故扩大。

一、切断毒物来源

救护人员进入现场后，除对中毒者进行抢救外，还应查找毒物来源，并采取措施切断来源，如关闭泄露的阀门、堵加盲板、停止加送物料、堵塞泄露的设备等，以防止毒物继续泄露或外溢。对于已经扩散出来的有毒气体，应立即启动通风设备或打开门、窗，降低有毒物质在空气中的浓度，为抢救工作创造良好的条件。

二、采取有效措施防止毒物继续侵入人体

① 清除毒物。

② 迅速脱去被污染的衣服、鞋袜、手套等。

③ 立即彻底清洗被污染的皮肤，清除皮肤表面的化学刺激性毒物，冲洗时间要达到15~30min。

④ 如毒物系水溶性，可用大量水冲洗或中和剂冲洗。非水溶性毒物的冲洗剂，须用无毒或低毒物质，或抹去污染物，再用水冲洗。

⑤ 对于黏稠的物质，用大量肥皂水冲洗，要注意皮肤皱褶、毛发和指甲内的污染物。

⑥ 较大面积的冲洗，要注意防止着凉、感冒。

⑦ 毒物进入眼睛时，应尽快用大量流水缓慢冲洗眼睛15min以上，冲洗时把眼睑撑开，让伤员的眼睛向各个方向缓慢移动。

三、促进生命器官功能恢复

中毒者若停止呼吸，应立即进行人工呼吸。人工呼吸的方法有压背式、压胸式、口对口（鼻）式三种。最好采用口对口式人工呼吸法，同时针刺人中、涌泉、太冲等穴位，必要时注射呼吸中枢兴奋剂。

四、及时解毒和促进毒物排出

发生急性中毒后应及时采取各种解毒及排毒措施，降低或消除毒物对机体的作用。经口引起的急性中毒可用催吐或洗胃等方法清除毒物。

第三节 综合防毒

防毒技术措施包括预防措施和净化回收措施两部分。

一、预防措施

① 以无毒低毒物料代替有毒高毒的物料。

② 更新工艺。更新工艺即在选择新工艺或改造旧工艺时，应尽量选用生产过程中不产生（或少产生）有毒物质或将这些有毒物质消灭在生产过程中的工艺路线。

③ 生产过程的密闭。

④ 隔离操作。隔离操作就是把工人操作的地点与生产设备隔离开来。如生产过程是间歇的，也可以将产生有毒物质的操作时间安排在工人人数最少时进行，即所谓的"时间隔离"。

二、净化回收措施

治理措施就是将作业环境中的有毒物质收集起来，然后采取净化回收的措施。

（1）通风排毒

通风排毒可分为局部排风和全面通风换气两种。

（2）净化回收

局部排风系统中的有害物质浓度较高，往往高出容许排放浓度的几倍甚至更多，必须对其进行净化处理，净化后的气体才能排入大气中。对于浓度较高具有回收价值的有害物质进行回收并综合利用、化害为利。

三、防毒管理

（一）有毒作业环境管理

① 组织管理措施。健全组织机构；制订规划；建立健全规章制度，如监护制度、下班前清扫岗位制度等；宣传教育。

② 定期进行作业环境监测。

③ 严格执行"三同时"制度。

④ 及时识别作业场所出现的有毒物质。

（二）有毒作业管理

有毒作业管理是针对劳动者个人进行的管理，使之免受或少受有毒物质的危害。在化工生产中，劳动者个人的操作方法不当、技术不熟练、身体过负荷或作业性质等，都是构成毒物散逸甚至造成急性中毒的原因。因此，应进行健康管理，并主要注意以下几点：

① 对劳动者进行个人卫生指导。

② 健康检查。

③ 新员工体检。

④ 中毒急救培训。

⑤ 保健补助。

四、个体防护技术

根据有毒物质进入人体的三条途径：呼吸道、皮肤、消化道，相应地采取各种有效措施，保护劳动者个人。

（一）呼吸道防护

用于防毒的呼吸器材，大致可分为过滤式防毒呼吸器和隔离式防毒呼吸器两类。

（1）过滤式防毒呼吸器

过滤式防毒呼吸器有过滤式防毒面具和过滤式防毒口罩。使用时要注意以下几点：

① 要选择合适的型号，并检查面具及塑胶软管是否老化，气密性是否良好。

② 使用前要检查是否已失效。滤毒罐的进、出气口平时应盖严，以免受潮或与岗位低浓度有毒气体作用而失效。

③ 有毒气体含量超过1％或者空气中含氧量低于18％时，不能使用。

（2）防毒口罩的佩戴要点

① 注意防毒口罩的型号应与预防的毒物相一致。

② 注意有毒物质的浓度和氧的浓度。

③ 注意使用时间。

（3）隔离式防毒呼吸器

主要有各种空气呼吸器和氧气呼吸器，如 AHG-2 型氧气呼吸器。AHG-2 型氧气呼吸器使用及保管时的注意事项如下：

① 使用氧气呼吸器的人员必须事先经过训练，能正确使用。

② 使用前氧气压力必须在 7.85MPa 以上。戴氧气呼吸器前要先打开氧气瓶，使用中须注意检查氧气压力，当氧气压力降到规定值时，应离开禁区，停止使用。

③ 使用时避免与油类、火源接触，防止撞击，以免引起呼吸器燃烧、爆炸。如闻到有酸味，说明清净罐吸收剂已经失效，应立即退出毒区，予以更换。

④ 在危险区作业时，必须有两人以上进行配合监护，以免发生危险。有情况应以信号或手势进行联系，严禁在毒区内摘下氧气呼吸器讲话。

⑤ 使用后的呼吸器，必须尽快恢复到备用状态。

⑥ 必须保持呼吸器的清洁，防止日照。

（二）皮肤防护

皮肤防护主要依靠个人防护用品，如工作服、工作帽、工作鞋、手套、口罩、眼镜等，这些防护用品可以避免有毒物质与人体皮肤的接触。对于外露的皮肤，则需涂上皮肤防护剂。

个人防护用品的性能因工种的不同而有所区别。

（三）消化道防护

防止有毒物质从消化道进入人体，最主要的是搞好个人卫生。

第五章 电气与静电防护安全技术

第一节 电气安全技术

一、绝缘

绝缘是用绝缘物将带电体封闭起来的技术措施。绝缘材料种类如下：

① 气体绝缘材料。常用的有空气、氮气等。

② 液体绝缘材料。常用的有变压器油、开关油、电容器油、电缆油、聚丁二烯等。

③ 固体绝缘材料。常用的有绝缘漆胶、绝缘云母制品、聚四氟乙烯、陶瓷和玻璃制品等。

电气设备的绝缘应符合其相应的电压等级、环境条件和使用条件。

二、屏护

屏护是采用屏护装置控制不安全因素，即采用遮栏、护罩、护盖、箱（匣）等将带电体同外界隔绝开来的技术措施。

对于高压设备，不论是否有绝缘，均应采取屏护措施或其他防止人体接近的措施。在带电体附近作业时，可采用能移动的遮栏作为防止触电的重要措施。该措施是最简单也是很常见的安全装置。屏护装置必须符合以下安全条件：

① 屏护装置应有足够的尺寸。

② 保证足够的安装距离。

③ 接地。

④ 标志。

⑤ 应配合采用信号装置和联锁装置。

⑥ 屏护装置上锁的钥匙应由专人保管。

三、间距

间距是将可能触及的带电体置于可能触及的范围之外。

如架空线路与地面、水面的距离，架空线路与有火灾爆炸危险的厂房的距离等。安全距离的大小决定于电压的高低、设备的类型、安装的方式等因素。

四、采用安全电压

我国规定工频有效值 42V、36V、24V、12V、6V。

五、保护接地

保护接地就是把在正常情况下不带电、在故障情况下可能呈现危险的对地电压的金属部分同大地紧密地连接起来，把设备上的故障电压限制在安全范围内的安全措施。

六、保护接零

保护接零时将电气设备的在正常情况下不带电的金属部分用导线与低压配电系统的零线相连接的技术防护措施。保护接地与保护接零的比较见表 5-1。

表 5-1　保护接地与保护接零的比较

种　类	保护接地	保护接零
含　义	用电设备的外壳接地装置	用电设备的外壳接电网的零干线
适用范围	中性点不接地电网	中性点接地的三相四线制电网
目　的	起安全保护作用	起安全保护作用
作用原理	平时保持零电位不起作用；当发生碰壳或短路故障时能降低对地电压，从而防止触电事故	平时保持零干线电位不起作用，且与相线绝缘；当发生碰壳或短路时能促使保护装置速动以切断电源
注意事项	确保接地可靠。在中性点接地系统，条件许可时要尽可能采用保护接零方式，在同一电源的低压配电网范围内，严禁混用接地与接零保护方式	禁止在零线上装设各种保护装置和开关等；采用保护接零时必须有重复接地才能保证人身安全，严禁出现零线断线的情况

七、采用漏电保护器

漏电保护器主要用于防止单相触电事故，有防止漏电引起的火灾，及过载保护、过电压和欠电压保护、缺相保护等功能。

八、正确使用防护用具

防止操作人员发生触电事故。常见的防护用具有绝缘杆、绝缘夹钳、绝缘手套、绝缘靴（鞋）、绝缘垫、绝缘台、携带型接地线、验电笔等。

第二节　触电急救技术

一、触电急救的要点与原则

触电急救的要点是抢救迅速与救护得法。发现有人触电后，首先要尽快使其脱离电源；然后根据触电者的具体情况，迅速对症救护。现场常用的主要救护方法是心肺复苏法（口对口人工呼吸和胸外心脏按压法）。

触电急救的基本原则：应在现场对症地采取积极措施保护触电者生命，并使伤者能减轻伤情、减少痛苦。

遵循迅速（脱离电源）、就地（进行抢救）、准确（姿势）、坚持（抢救）的"八字原则"。

二、解救触电者脱离电源的方法

使触电者脱离电源，就是要把触电者接触的那一部分带电设备的开关或其他断路设备断开；或设法将触电者与带电设备脱离接触。

(一) 使触电者脱离电源的安全注意事项

① 救护人员不得采用金属和其他潮湿的物品作为救护工具。

② 在未采取任何绝缘措施前，救护人员不得直接触及触电者的皮肤和潮湿衣服。

③ 在使触电者脱离电源的过程中，救护人员最好用一只手操作，以防再次发生触电事故。

④ 当触电者站立或位于高处时，应采取措施防止脱离电源后触电者跌倒或坠落。

⑤ 夜晚发生触电事故时，应考虑切断电源后的事故照明或临时照明，以利于救护。

(二) 使触电者脱离电源的具体方法

① 触电者若是触带电设备，救护人员应设法迅速切断电源。

② 低压触电时，如果电流通过触电者入地，且触电者紧握电线，可设法用绝缘工具隔开或将电线剪断。

③ 如果触电发生在杆、塔上，若是低压线路，迅速切断电源或登杆绝缘脱离电源。高压线路且又不可能切断电源时，可用抛铁丝等办法使线路短路。

④ 不论是高压或低压线路救护时，均要预先注意防止发生高处坠落和再次触及其他有电线路的可能。

⑤ 若触电者触及了断落在地面上的柱电高压线，要防止跨步电压伤人。在使触电者脱离带电导线后，亦应迅速将其带至 8～12m 外并立即开始紧急救护；在确认线路已经无电的情况下，方可在触电者倒地现场就地立即进行对症救护。

(三) 脱离电源后的现场救护

脱离电源后，应立即就近移至干燥与通风场所，对症救护。

(1) 情况判别

触电者若出现闭目不语、神志不清情况，应让其就地仰卧平躺，且确保气道通畅。呼叫其名字或轻拍其肩部，以判断触电者是否丧失意识。但禁止摇动触电者头部进行呼叫。

触电者若神志昏迷、意识丧失，应立即检查是否有呼吸、心跳，具体可用"看、听、试"的方法尽快进行判定。

(2) 对症救护

触电者除明显的死亡症状外，按以下三种情况分别进行对症处理。

伤势不重：应让触电者安静休息，不要走动，并严密观察。也可请医生前来诊治，必要时送往医院。

伤势较重：已失去知觉，但心脏跳动和呼吸存在，应使触电者舒适、安静地平卧。解开其衣服包括领口与裤带以利于呼吸。还应注意保暖，并速请医生或送往医院。若出现呼吸停止或心跳停止，应随即分别施行口对口人工呼吸法或胸外心脏按压法进行抢救。

伤势严重：呼吸或心跳停止，甚至都已停止，即处于所谓"假死状态"，则应立即施行口对口人工呼吸及胸外心脏按压进行抢救，同时速请医生或送往医院。在送往医院途中，也不应停止抢救。

第三节　静电防护技术

防止静电引起火灾爆炸事故是化工静电安全的主要内容。

一、场所危险程度的控制

如用不燃介质代替易燃介质、通风、惰性气体保护、负压操作等。在工艺允许的情况下，采用大颗粒的粉体代替小颗粒粉体，也是减轻场所危险性的一个措施。

二、工艺控制

工艺控制是从工艺上采取措施，以限制和避免静电的产生和积累，是消除静电危害的主要手段之一。常用的工艺控制手段有以下几种：

① 应控制输送物料的流速以限制静电的产生。

② 选用合适的材料。

③ 增加静止时间。

三、接地

接地是消除静电危害最常见的措施。常用的接地方式有以下几种：

① 凡用来加工、输送、储存各种易燃液体、气体和粉体的设备必须接地。

② 倾注溶剂的漏斗、浮动罐顶、工作站台、磅秤等辅助设备，均应接地。

③ 在装卸汽车槽车之前，应与储存设备跨接并接地；装卸完毕，应先拆除装卸管道，静置一段时间后，然后拆除跨接线和接地线。

④ 可能产生和积累静电的固体和粉体作业设备，如压延机、上光机、砂磨机、球磨机、筛分机、捏和机等，均应接地。

四、增湿

存在静电危险的场所，在工艺条件许可时，安装空调设备、喷雾器等，提高场所环境相对湿度，消除静电危害。

五、抗静电剂

抗静电剂具有较好的导电性能或较强的吸湿性。

六、静电消除器

静电消除器是一种产生电子或离子的装置，借助于产生的电子或离子中和物体上的静电，从而达到消除静电的目的。

常用的静电消除器有以下几种：

① 感应式消除器。

② 高压静电消除。使用较多的是交流电压消除器。直流电压消除器由于会产生火花放电，不能用于有爆炸危险的场所。

③ 高压离子流静电消除器。

④ 放射性辐射消除器。

七、人体的防静电措施

① 采用金属网或金属板等导电材料遮蔽带电体，以防止带电体向人体放电。

② 穿防静电工作鞋。

③ 在易燃场所入口处，安装硬铝或铜等导电金属的接地通道，操作人员从通道经过后，可以导除人体静电。

④ 采用导电性地面。

第四节　防雷技术

一、建（构）筑物的防雷技术

（一）第一类建筑物及其防雷保护

凡在建筑物中存放爆炸物品或正常情况下能形成爆炸性混合物，因电火花而会发生爆炸，致使房屋毁坏和造成人身伤亡的建筑物为第一类建筑物。这类建筑物应装设独立避雷针防止雷击。

（二）第二类建筑物及其防雷保护

第二类建筑物划分条件同第一类，但因电火花而发生爆炸时，不致引起巨大破坏或人身事故，或政治、经济及文化艺术上具有重大意义的建筑物。这类建筑物可在建筑物上装避雷针或采用避雷针和避雷带混合保护，以防雷击。

（三）第三类建筑物及其防雷保护

凡不属第一、二类建筑物但需实施防雷保护的建筑物为第三类建筑物。这类建筑物防止雷击可在建筑物最易遭受雷击的部位（如屋脊、屋角、山墙等）装设避雷带或避雷针，进行重点保护。若为钢筋混凝土屋面，则可利用其钢筋作为防雷装置。

对建（构）筑物防雷装置的要求如下：

① 建（构）筑物接地的导体截面应符合相应的规范。

② 引下线要沿建筑物外墙以最短路径敷设，不应构成环套或锐角，引下线的一般弯曲点为软弯。若因建筑艺术有专门要求时，也可采取暗敷设方式，但其截面要加大一级。

③ 建（构）筑物的金属构件（如消防梯）等可作为引下线，但所有金属部件之间均应连接成良好的电气通路。

④ 采取多根引下线时，为便于检查接地电阻及检查引下线与接地线的连接状况，宜在各引下线距地面 1.8m 处设置断续卡。

⑤ 易受机械损伤的地方，在地面上约 1.7m 至地下 0.3m 的一段应加保护管。

⑥ 建（构）筑物过电压保护的接地电阻值应能符合要求。

⑦ 对垂直接地体的长度、极间距离等要求，与接地或接零中的要求相同，而防止跨步电压的具体措施，则和对独立避雷针时的要求一样。

二、化工设备的防雷技术

（一）金属储罐的防雷技术

① 当罐顶钢板厚度大于 4mm，且装有呼吸阀时，可不装设防雷装置。但油罐体应作良

好的接地，接地点不少于两处。

② 当罐顶钢板厚度小于 4mm 时，虽装有呼吸阀，也应在罐顶装设避雷针，且避雷针与呼吸阀的水平距离不应小于 3m，保护范围高出呼吸阀不应小于 2m。

③ 浮顶油罐（包括内浮顶油罐）可不设防雷装置，但浮顶与罐体应有可靠的电气连接。

④ 易燃液体的敞开储罐应设独立避雷针，其冲击接地电阻不大于 5Ω。

⑤ 覆土厚度大于 0.5m 的地下油罐，可不考虑防雷措施，但呼吸阀、量油孔、采气孔应作良好接地。

（二）非金属储罐的防雷技术

非金属易燃液体的储罐应采用独立的避雷针，以防止直接雷击。同时还应有感应雷电的措施。

① 户外输送可燃气体、易燃或可燃液体的管道，可在管道的始端、终端、分支处、转角处以及直线部分每隔 100m 处接地。

② 当上述管道与爆炸危险厂房平行敷设而间距小于 10m 时，在接近厂房的一段，其两端及每隔 30～40m 应接地。

③ 当上述管道连接点（弯头、阀门、法兰盘等），不能保持良好的电气接触时，应用金属线跨接。

④ 接地引下线可利用金属支架，若是活动金属支架，在管道与支持物之间必须增设跨接线；若是非金属支架，必须另做引下线。

⑤ 接地装置可利用电气设备保护接地的装置。

三、人体的防雷技术

① 雷电活动时，非工作需要，应尽量少在户外或旷野逗留；在户外或野外处最好穿塑料等不浸水的雨衣；如有条件，可进入有宽大金属构架或有防雷设施的建筑物、汽车或船只内；如依靠建筑物屏蔽的街道或高大树木屏蔽的街道躲避时，要注意离开墙壁和树干距离 8m 以上。

② 雷电活动时，应尽量离开小山、小丘或隆起的小道，应尽量离开海滨、湖滨、河边、池旁，应尽量离开铁丝网、金属晾衣绳以及旗杆、烟囱、高塔、孤独的树木附近，还应尽量离开没有防雷保护的小建筑物或其他设施。

③ 雷电活动时，在户内应注意雷电侵入波的危险，应离开照明线、动力线、电话线、广播线、收音机电源线、收音机和电视机天线以及与其相连的各种设备，以防止这些线路或设备对人体的二次放电。雷电活动时，还应注意关闭门窗，防止球形雷进入室内造成危害。

④ 防雷装置在接受雷击时，雷电流通过会产生很高电位，可引起人身伤亡事故。为防止反击发生，应使防雷装置与建筑物金属导体间的绝缘介质网络电压大于反击电压，并划出一定的危险区，人员不得接近。

⑤ 当雷电流经地面雷击点的接地体流入周围土壤时，会在它周围形成很高的电位，如有人站在接地体附近，就会受到雷电流所造成的跨步电压的危害。

⑥ 当雷电流经引下线接地装置时，由于引下线本身和接地装置都有阻抗，因而会产生较高的电压降，这时人若接触，就会受接触电压危害，应引起人们注意。

⑦ 为了防止跨步电压伤人，防直击雷接地装置距建筑物、构筑物出入口和人行道的距离不应少于 3m。当少于 3m 时，应采取接地体局部深埋、隔以沥青绝缘层、敷设地下均压条等安全措施。

四、防雷装置的检查

① 对于重要设施，应在每年雷雨季节以前做定期检查。对于一般性设施，应每 2～3 年在雷雨季节前做定期检查。如有特殊情况，还要做临时性的检查。

② 检查是否由于维修建筑物或建筑物本身变形，使防雷装置的保护情况发生变化。

③ 检查各处明装导体有无因锈蚀或机械损伤而折断的情况，如发现锈蚀在 30％以上，则必须及时更换。

④ 检查接闪器有无因遭受雷击而发生熔化或折断，避雷器瓷套有无裂纹、碰伤的情况，并定期进行预防性试验。

⑤ 检查接地线在距地面 2m 至地下 0.3m 的保护处有无被破坏的情况。

⑥ 检查接地装置周围的土壤有无沉陷现象。

⑦ 测量全部接地装置的接地电阻，如发现接地电阻有很大变化，应对接地系统进行全面检查，必要时设法降低接地电阻。

⑧ 检查有无因施工挖土、敷设其他管道或种植树木而损坏接地装置的情况。

第六章　化学反应的安全技术

第一节　氧化反应的安全技术

一、氧化温度控制

氧化反应需要加热，反应过程又会放热。有的物质氧化（如氨、乙烯和甲醇蒸气在空气中的氧化）的物料配比接近于爆炸下限，倘若配比失调，温度控制不当，极易爆炸起火。

二、氧化物质的控制

被氧化的物质大部分是易燃、易爆物质。如乙烯是易燃气体，甲苯是易燃液体。

氧化剂具有很大的火灾危险性。由于具有很强的助燃性，遇高湿或受撞击、摩擦以及与有机物、酸类接触，均能引起燃烧或爆炸。氧化产品有些也具有火灾危险性，性质极不稳定，受高温、摩擦或撞击便会分解或燃烧。

三、氧化过程的控制

在催化氧化过程时，如引燃就会发生分支连锁反应，火焰迅速蔓延，在很短时间内，温度急剧增高，压力剧增，从而引起爆炸。反应物料的配比应尽量控制在爆炸范围之外。

空气进入反应器之前，应经过气体净化装置，以保持催化剂的活性，减少起火和爆炸的危险。在催化氧化过程中，对于放热反应，应控制适宜的温度、流量，防止超温、超压和混合气处于爆炸范围。

反应器前后管道上应安装阻火器、泄压装置，尽可能采用自动控制或自动调节装置；严格控制加料速度，要不间断地搅拌。使用氧化剂氧化无机物，应控制产品烘干温度不超过燃点，应及时清除焦化物。

氧化反应使用的原料及产品，应隔离存放、远离火源、避免高温和日晒、防止摩擦和撞击、消除静电等。在设备系统中宜设置氮气、水蒸气灭火装置，以便能及时扑灭火灾。

第二节　还原反应的安全技术

一、利用初生态氢还原的安全技术

铁粉和锌粉在潮湿空气中遇酸性气体时可能引起自燃，在储存时应特别注意。

反应时酸、碱的浓度要控制适宜，反应温度不宜过高，反应过程中应注意搅拌效果，以防止铁粉、锌粉下沉，防止造成冲料。反应结束后，反应器应放入室外储槽中，加冷水稀释并导出氢气，再加碱中和。不要急于中和以防燃烧爆炸。

二、在催化剂作用下加氢的安全技术

在有机合成等过程中，催化剂雷尼镍和钯炭在空气中吸潮后有自燃的危险。钯炭更易自燃，平时不能暴露在空气中，而要浸在酒精中。反应前必须用氮气置换反应器的全部空气，经测定证实含氧量降低到符合要求后，方可通入氢气。反应结束后，应先用氮气把氢气置换掉，并以氮封保存。

无论是利用初生态氢还原，还是用催化加氢，都是在氢气存在下，并在加热、加压条件下进行。操作中要严格控制温度、压力和流量。厂房的电气设备必须符合防爆要求，且应采用轻质屋顶，开设天窗或风帽，使氢气易于飘逸。尾气排放管要高出房顶并设阻火器。加压反应的设备要配备安全阀，反应中产生压力的设备要装设爆破片。

三、使用其他还原剂还原的安全技术

硼氢化钾通常溶解在液碱中比较安全。它们都是遇水燃烧物质，在潮湿的空气中能自燃，遇水和酸即分解放出大量的氢，同时产生大量的热，可使氢气燃爆。要储存于密闭容器中，置于干燥处。在生产中，调节酸、碱度时要特别注意防止加酸过多、过快。

四氢化锂铝有良好的还原性，但遇潮湿空气、水和酸极易燃烧，应浸没在煤油中储存。使用时应先将反应器用氮气置换干净，并在氮气保护下投料和反应。反应热应由油类冷却剂取走，不应用水，防止水漏入反应器内发生爆炸。用氢化钠作还原剂与水、酸的反应与四氢锂铝相似，它与甲醇、乙醇等反应相当激烈，有燃烧、爆炸的危险。

保险粉是一种还原效果良好且较为安全的还原剂，遇水发热，在潮湿的空气中能分解析出黄色的硫黄蒸气。硫黄蒸气自燃点低，易自燃。使用时应在不断搅拌下，将保险粉缓缓溶于冷水中，待溶解后再投入反应器与物料反应。

异丙醇铝常用于高级醇的还原，反应较温和。但在制备异丙醇铝时须加热回流，将产生大量氢气和异丙醇蒸气，如果铝片或催化剂三氯化铝的质量不佳，反应就不正常，往往先是不反应，温度升高后又突然反应，引起冲料，增加了燃烧、爆炸的危险性。

在还原过程中采用危险性小而还原性强的新型还原剂，如用硫化钠代替铁粉还原，可避免氢气产生，同时也消除了铁泥堆积问题。

第三节　硝化反应的安全技术

一、混酸配制的安全技术

硝化多采用混酸，混酸中硫酸量与水量的比例应当计算，混酸中硝酸量不应少于理论需要量，实际上稍稍过量 1%～10%。

在配制混酸时用压缩空气不如机械搅拌好，有时会带入水或油类，并且酸易被夹带出去造成损失。酸类化合物混合时放出稀释热，高温下可能引起爆炸，所以必须进行冷却，避免因强烈氧化而引起自燃。

二、硝化器的安全技术

硝化一般是间歇操作。物料由上部加入锅内，在搅拌条件下迅速与原料混合并进行硝化反应。加热可在夹套或蛇管内通入蒸汽；冷却可通冷却水或冷冻剂。

采用多段式硝化器可使硝化过程达到连续化。不仅可以显著地减少能量的消耗，减少爆炸中毒的危险。硝化器夹套中冷却水压力呈微负压，在进水管上必须安装压力计，在进水管及排水管上都需要安装温度计。应严防冷却水因夹套焊缝腐蚀而漏入硝化物中。

为便于检查，在废水排出管中，应安装电导自动报警器，当管中进入极少的酸时，水的电导率即会发生变化而报警。另外对流入及流出水的温度和流量也要特别注意。

三、硝化过程的安全技术

严格控制硝化反应温度，控制好加料速度，硝化剂加料应采用双重阀门控制。设置冷却水源备用系统。反应中应持续搅拌，保持物料混合良好，并备有保护性气体搅拌和人工搅拌的辅助设施。搅拌机应当有自动启动的备用电源。搅拌轴采用硫酸作润滑剂，温度套管用硫酸作导热剂，不可使用普通机械油或甘油，防止机油或甘油被硝化而形成爆炸性物质。

硝化器应附设相当容积的紧急放料槽，放料阀可采用自动控制的气动阀和手动阀并用。硝化器上的加料口关闭时，应安装可移动的排气罩。设备应当采用抽气法或利用带有铝制透平的防爆型通风机进行通风。

应当安装温度自动调节装置，防止超温发生爆炸。应安装特制的真空仪器，此外最好还要安装自动酸度记录仪。取样时应当防止未完全硝化的产物突然着火。

向硝化器中加入固体物质，必须自加料器上部的平台上将物料沿专用的管子加入硝化器中。对于特别危险的硝化物（如硝化甘油），则需将其放入装有大量水的事故处理槽中。防止外界杂质进入硝化器中。

硝化器盖上不得放置用油浸过的填料。在搅拌器的轴上，应备有小槽，以防止齿轮上的油落入硝化器中。

硝化过程中最危险的是有机物质的氧化，主要措施有：仔细地配制反应混合物、除去其中易氧化的组分、调节温度及连续混合。卸出物料可用真空卸料。装料口应当采用密闭化措施。

设备易腐蚀，必须经常检修更换零部件。硝化设备应确保严密不漏，防止硝化物料溅到蒸汽管道等高温表面上而引起爆炸或燃烧。如管道堵塞时，可用蒸汽加温疏通，千万不能用金属棒敲打或明火加热。车间内禁止带入火种，电气设备要防爆。当设备需动火检修时，应拆卸设备和管道，并移至车间外安全地点，用蒸汽反复冲刷残留物质，经分析合格后，方可施焊。需要报废的管道，应专门处理后堆放起来，不可随便拿用，避免发生意外事故。

第四节　氯化反应的安全技术

一、氯气的安全使用

在化工生产中，氯气通常液化储存和运输，常用的容器有储罐、气瓶和槽车等。储罐中的液氯在进入氯化器使用之前必须先进入蒸发器使其汽化。在一般情况下不能把储存氯气的气瓶或槽车当储罐使用，因为这样有可能使被氯化的有机物质倒流进气瓶或槽车，引起爆炸。对于一般氯化器应装设氯气缓冲罐，防止氯气断流或压力减小时形成倒流。

二、氯化反应过程的安全技术

氯化反应过程所用的原料大多是有机物，易燃、易爆，所以生产过程有燃烧爆炸危险，应严格控制各种点火源，电气设备应符合防火防爆的要求。氯化反应是一个放热过程，尤其在较高温度下进行氯化，反应更为激烈。如果物料泄漏就会造成燃烧或引起爆炸。因此，必须有良好的冷却系统，严格控制氯气流量，避免温度剧升。

液氯的蒸发汽化装置，流量应采用自动调节装置。氯气入口处应安装计量装置，从钢瓶中放出氯气用阀门来调节流量。若需要气体氯流量较大时，可并联几个钢瓶，分别由各钢瓶供气，如果用此法氯气量仍不足时，可将钢瓶的一端置于温水中加温。

三、氯化反应设备腐蚀的预防

氯化氢气体极易溶于水中，可以用水洗涤吸收除去尾气中绝大部分的氯化氢，也可以采用活性炭吸附和化学处理方法。

采用吸收法时，须用蒸馏方法将被氯化原料分离出来，再处理有害物质，采用分段碱液吸收器将有毒气体吸收。与大气相通的管子上应安装自动信号分析器，借以检查吸收处理进行得是否完全。

第五节　催化反应的安全技术

一、反应原料气的控制

在催化反应中，当原料气中某种能和催化剂发生反应的杂质含量增加时，可能会生成爆炸性危险物。例如乙烯催化氧化合成乙醛，乙炔与亚铜反应生成乙炔铜，在干燥状态下极易爆炸，在空气作用下易氧化并易起火。烃与催化剂中的金属盐作用生成难溶性的钯块，不仅使催化剂组成发生变化，而且钯块也极易引起爆炸。

二、反应操作的控制

在催化过程中若催化剂选择的不正确或加入不适量，易造成局部反应激烈；散热不良、温度控制不好等，很容易发生超温爆炸或着火事故。

催化过程中应该注意正确选择催化剂，保证散热良好，催化剂不过量。严格控制温度，如自动调节温度，可以减少其危险性。

三、催化产物的控制

在催化过程中有的产生氯化氢，氯化氢有腐蚀和中毒危险；有的产生硫化氢，其中毒危险更大，且硫化氢在空气中的爆炸极限较宽（4.3%～45.5%），生产过程中还有爆炸危险；有的催化过程产生氢气，着火爆炸的危险更大，尤其在高压下，氢的腐蚀作用可使金属高压容器脆化，从而造成破坏性事故。

第六节　聚合反应的安全技术

要保证聚合反应的安全生产，应做到以下几点：

① 严格控制单体在压缩过程中或在高压系统中的泄漏，防止发生火灾爆炸。

② 聚合反应中加入的引发剂都是化学活泼性很强的过氧化物，应严格控制物料配比，防止因热量暴聚引起的反应器压力骤增。

③ 防止因聚合反应热未能及时导出（如搅拌发生故障、停电、停水，由于反应釜内聚合物粘壁作用，使反应热不能导出），造成局部过热或反应釜飞温，发生爆炸。

④ 针对上述不安全因素，应设置可燃气体检测报警器，一旦发现设备、管道有可燃气体泄漏，将自动停车。

⑤ 对催化剂、引发剂等要加强储存、运输、调配、注入等工序的严格管理。反应釜的搅拌和温度应有检测和联锁装置，发现异常能自动停止进料。高压分离系统应设置爆破片、导爆管，并有良好的静电接地系统，一旦出现异常，及时泄压。

第七节　电解反应的安全技术

以食盐水电解为例介绍安全技术要点。

一、盐水应保证质量

盐水中如含有铁杂质，能够产生第二阴极而放出氢气；盐水中铵盐和氯作用可生成氯化铵，氯作用于浓氯化铵溶液可生成黄色油状爆炸性物质——三氯化氮。三氯化氮与许多有机物接触或加热至 90℃ 以上以及被撞击，即发生剧烈的分解爆炸。

因此盐水配制必须严格控制质量，尤其是铁、钙、镁和无机铵盐的含量。应尽可能采取盐水纯度自动分析装置，随时调节碳酸钠、苛性钠、氯化钡或丙烯酰胺的用量。

二、盐水添加高度应适当

在操作中向电解槽的阳极室内添加盐水，如盐水液面过低，氢气有可能通过阴极网渗入到阳极室内与氯气混合；若电解槽盐水装得过满，会造成压力上升，因此，盐水添加不可过少或过多，应保持一定的安全高度。采用盐水供料器应间断供给盐水，以避免电流的损失，防止盐水导管被电流腐蚀（目前多采用胶管）。

三、防止氢气与氯气混合

氢气是极易燃烧的气体，氯气是氧化性很强的有毒气体，一旦两种气体混合极易发生爆炸。造成混合的主要原因有：阳极室内盐水液面过低；电解槽氢气出口堵塞，引起阴极室压力升高；电解槽的隔膜吸附质量差；石棉绒质量不好；在安装电解槽时碰坏隔膜；阴极室中的压力等于或超过阳极室的压力时，就可能使氢气进入阳极室等。

应对电解槽进行全面检查，将单槽氯含氢浓度控制在 2% 以下，总管氯含氢浓度控制在 0.4% 以上。

四、严格电解设备的安装要求

由于在电解过程中氢气的存在，所以电解槽应安装在自然通风良好的单层建筑物内，厂房应有足够的防爆泄压面积。

五、掌握正确的应急处理方法

突然停电或突然停车时，高压阀应能立即关闭，以免电解槽中氯气倒流而发生爆炸。应在电解槽后安装放空管及时减压，在高压阀门上安装单向阀，以有效地防止跑氯，避免污染环境和带来火灾危险。

第八节　裂解反应的安全技术

裂解反应的安全技术要点如下。

一、引风机故障的预防

引风机是不断排除炉内烟气的装置。在裂解炉正常运行中，如果由于断电或引风机机械故障而使引风机突然停转，则炉膛内很快变成正压，会从窥视孔或烧嘴等处向外喷火，严重时会引起炉膛爆炸。

为此，必须设置联锁装置，一旦引风机故障停车，则裂解炉自动停止进料并切断燃料供应，但应继续供应稀释蒸汽，以带走炉膛内的余热。

二、燃料气压力降低的控制

裂解炉正常运行中，如燃料系统大幅度波动，燃料气压力过低，则可能造成裂解炉烧嘴回火，使烧嘴烧坏，甚至会引起爆炸。

裂解炉采用燃料油作燃料时，如燃料油的压力降低，也会使油嘴回火。因此，当燃料油压降低时应自动切断燃料油的供应，同时停止进料。

当裂解炉同时用油和气为燃料时，如果油压降低，则在切断燃料油的同时，将燃料气切入烧嘴，裂解炉可继续维持运转。

三、其他公用工程故障的防范

裂解炉其他公用工程（如锅炉给水）中断，水、电、蒸汽出现故障，均能使裂解炉发生事故。在此情况下，裂解炉应能自动停车。

第九节　其他反应的安全技术

一、磺化的安全技术要点

① 三氧化硫是氧化剂，遇到硝基苯等易燃物质时会很快引起着火；三氧化硫的腐蚀性

很弱，但遇水则生成硫酸，同时会放出大量的热，使反应温度升高，不仅会造成沸溢或使磺化反应变为燃烧反应而起火或爆炸，还会因硫酸具有很强的腐蚀性，增加了对设备的腐蚀破坏。

② 由于生产所用原料苯、硝基苯、氯苯等都是可燃物，而磺化剂浓硫酸、发烟硫酸、氯磺酸都是强氧化剂，具备了可燃物与氧化剂作用发生放热反应的燃烧条件。这种磺化反应若投料顺序颠倒、投料速度过快、搅拌不良、冷却效果不佳等，都有可能造成反应温度升高，使磺化反应变为燃烧反应，引起着火或爆炸事故。

③ 磺化反应是放热反应，若在反应过程中得不到有效的冷却和良好的搅拌，都有可能引起反应温度超高，以致发生燃烧反应，造成爆炸或起火事故。

二、烷基化的安全技术要点

① 被烷基化的物质大都具有着火爆炸危险。如苯是甲类液体，闪点 $-11℃$，爆炸极限 $1.5\%\sim8\%$；苯胺是丙类液体，闪点 $79℃$，爆炸极限 $1.3\%\sim11\%$。

② 烷基化剂一般比被烷基化物质的火灾危险性要大。

③ 烷基化过程所用的催化剂反应活性强。

④ 烷基化反应都是在加热条件下进行，如果原料、催化剂、烷基化剂等加料次序颠倒、速度过快或者搅拌中断停止，就会发生剧烈反应，引起跑料，造成着火或爆炸事故。

⑤ 烷基化的产品亦有一定的火灾危险。

三、重氮化的安全技术要点

① 重氮化反应的主要火灾危险性在于所产生的重氮盐，特别是含有硝基的重氮盐，它们在温度稍高或光的作用下，极易分解。在干燥状态下有些重氮盐受热或摩擦、撞击能分解爆炸。含重氮盐的溶液若洒落在地上、蒸汽管道上，干燥后亦能引起着火或爆炸。在酸性介质中，有些金属如铁、铜、锌等能促使重氮化合物激烈地分解，甚至引起爆炸。

② 作为重氮剂的芳胺化合物都是可燃有机物质，在一定条件下也有着火和爆炸的危险。重氮化生产过程所使用的亚硝酸钠是无机氧化剂，能与有机物反应发生着火或爆炸。在重氮化的生产过程中，操作不当时有引起着火爆炸的危险。

③ 亚硝酸钠并非氧化剂，当遇到比其氧化性强的氧化剂时，具有还原性，有发生着火或爆炸的可能。

第七章 化工单元操作安全生产

第一节 加热操作的安全技术

生产中常用的加热方式有直接火加热（包括烟道气加热）、蒸汽或热水加热、有机载体（或无机载体）加热以及电加热等。加热温度在100℃以下的，常用热水或蒸汽加热；100～140℃用蒸汽加热；超过140℃则用加热炉直接加热或用热载体加热；超过250℃时，一般用电加热。

用高压蒸汽加热时，对设备耐压要求高，须严防泄漏或与物料混合，避免造成事故。使用热载体加热时，要防止热载体循环系统堵塞，热油喷出，酿成事故。使用电加热时，电气设备要符合防爆要求。直接火加热危险性最大，温度不易控制，可能造成局部过热烧坏设备，引起易燃物质的分解爆炸。当加热温度接近或超过物料的自燃点时，应采用惰性气体保护。

若加热温度接近物料分解温度，此生产工艺称为危险工艺，必须设法改进工艺条件，如负压或加压操作。

第二节 冷却冷凝与冷冻操作的安全技术

冷却冷凝与冷冻的操作在化工生产中容易被忽视。实际上它很重要，它不仅涉及原材料定额消耗以及产品收率，而且严重地影响安全生产。

① 根据被冷却物料的温度、压力、理化性质以及所要求冷却的工艺条件，正确选用冷却设备和冷却剂。

② 对于腐蚀性物料的冷却，最好选用耐腐蚀材料的冷却设备。如石墨冷却器、塑料冷却器，以及用高硅铁管、陶瓷管制成的套管冷却器和钛材冷却器等。

③ 严格注意冷却设备的密闭性，不允许物料窜入冷却剂中，也不允许冷却剂窜入被冷却的物料中（特别是酸性气体）。

④ 冷却设备所用的冷却水不能中断。

⑤ 开车前首先清除冷凝器中的积液，再打开冷却水，然后通入高温物料。

⑥ 为保证不凝可燃气体排空安全，可充氮保护。

⑦ 检修冷凝、冷却器，应彻底清洗、置换，切勿带料焊接。

第三节 筛分、过滤操作的安全技术

一、筛分的安全技术要点

① 在筛分操作过程中，粉尘如具有可燃性，应注意因碰撞和静电而引起的粉尘燃烧、爆炸；如粉尘具有毒性、吸水性或腐蚀性，要注意呼吸器官及皮肤的保护，以防引起中毒或皮肤伤害。

② 筛分操作是大量扬尘过程，在不妨碍操作、检查的前提下，应将其筛分设备最大限度地进行密闭。

③ 要加强检查，注意筛网的磨损和筛孔堵塞、卡料，以防筛网损坏和混料。

④ 筛分设备的运转部分要加防护罩以防绞伤人体。

⑤ 振动筛会产生大量噪声，应采用隔离等消声措施。

二、过滤的安全技术要点

过滤机按操作方式分为间歇式和连续式，也可按照过滤推动力的不同分为重力过滤机、真空过滤机、加压过滤机和离心过滤机。

从操作方式看来，连续式过滤较间歇式过滤安全。连续式过滤机循环周期短，能自动洗涤和自动卸料，其过滤速度较间歇式过滤机高，且操作人员脱离与有毒物料的接触，因而比较安全。

间歇式过滤机由于卸料、装合过滤机、加料等各项辅助操作的经常重复，所以较连续式过滤机周期长，且人工操作、劳动强度大、直接接触毒物，因此不安全。

加压过滤机，当过滤中能散发有害的或有爆炸性气体时，不能采用敞开式过滤机操作，而要采用密闭式过滤机，并以压缩空气或惰性气体保持压力。在取滤渣时，应先放压力，否则会发生事故。

在有爆炸危险的生产中，最好不使用离心机而采用转鼓式、带式等真空过滤机。离心机超负荷运转、运转时间过长、转鼓磨损或腐蚀、启动速度过高均有可能导致事故的发生。

对于上悬式离心机，当负荷不均匀时运转会发生剧烈振动，不仅磨损轴承，且能使转鼓撞击外壳而发生事故。转鼓高速运转，也可能由外壳中飞出而造成重大事故。

当离心机无盖或防护装置不良时，工具或其他杂物有可能落入其中，并以很大速度飞出伤人。即使杂物留在转鼓边缘，也可能引起转鼓振动造成其他危险。

不停车或未停稳清理器壁，铲勺会从手中脱飞，使人致伤。在开、停离心机时，不要用手帮忙以防发生事故。

当处理具有腐蚀性物料时，不应使用铜质转鼓而应采用钢质衬铅或衬硬橡胶的转鼓。并应经常检查衬里有无裂缝，以防腐蚀性物料由裂缝腐蚀转鼓。

镀锌、陶瓷或铝制转鼓，只能用于速度较慢、负荷较低的情况下，为了安全考虑，还应有特殊的外壳保护。此外，操作过程中加料不匀，也会导致剧烈振动，应引起注意。

离心机的安全操作应注意如下几项：

① 转鼓、盖子、外壳及底座应用韧性金属制造；对于轻负荷转鼓可用铜制造，并要符合质量要求。

② 处理腐蚀性物料，转鼓需有耐腐衬里。

③ 盖子应与离心机启动联锁，运转中处理物料时，可减速在盖上开孔处处理。

④ 应有限速装置，在有爆炸危险厂房中，其限速装置不得因摩擦、撞击而发热或产生火花；同时，注意不要选择临界速度操作。

⑤ 离心机开关应安装在近旁，并应有锁闭装置。

⑥ 在楼上安装离心机，应用工字钢或槽钢做成金属骨架，在其上要有减震装置；并注意其内、外壁间隙，转鼓与刮刀间隙，同时，应防止离心机与建筑物产生谐振。

⑦ 对离心机的内、外部及负荷应定期进行检查。

第四节　粉碎、混合操作的安全

一、粉碎的安全技术要点

粉碎过程中的关键部分是粉碎机。对于粉碎机须符合下列安全条件：

① 加料、出料最好是连续化、自动化。

② 具有防止粉碎机损坏的安全装置。

③ 产生粉末应尽可能少。

④ 发生事故能迅速停车。

对各类粉碎机，必须有紧急制动装置，必要时可超速停车。运转中的粉碎机严禁检查、清理、调节和检修。如粉碎机加料口与地面一样平或低于地面不到 1m 均应设安全格子。

为保证安全操作，粉碎装置周围的过道宽度必须大于 1m。如粉碎机安装在操作台上，则操作台与地面之间的高度应在 1.5～2m。操作台必须坚固，沿操作台周边应设高 1m 的安全护栏。为防止金属物件落入粉碎装置，必须装设磁性分离器。

对于球磨必须具有一个带抽风管的严密外壳。如研磨具有爆炸性的物质，则内部需衬以橡皮或其他柔软材料，同时尚需采用青铜球。

对于各类粉碎、研磨设备要密闭，操作室要有良好通风，以减少空气中粉尘含量。必要时，室内可装设喷淋设备。

加料斗需用耐磨材料制成，应严密、防沉积。

对于能产生可燃粉尘的研磨设备，要有可靠的接地装置和爆破片。

要注意设备润滑，防止摩擦发热。

为确保安全，对于初次研磨的物料，应事先在研钵中进行试验，了解是否黏结、着火，然后正式进行机械研磨。

发现粉碎系统中粉末阴燃或燃烧时，须立即停止送料，并采取措施断绝空气来源，必要时充入氮气等惰性气体。但不宜使用加压水流或泡沫进行扑救，以免可燃粉尘飞扬，引起事故扩大。

二、混合的安全技术要点

混合是加工制造业广泛应用的操作，要根据物料性质正确选用设备。机械搅拌桨叶制造要符合强度要求，安装要牢固，不允许产生摆动。在修理或改造桨叶时，应重新计算其坚牢度。搅拌器不可随意提高转速，对于搅拌黏稠物料，最好采用推进式及透平式搅拌机。

为防止超负荷造成事故，应安装超负荷停车装置。对于混合操作的加、出料应实现机械化、自动化。如果混合会产生易燃、易爆或有毒物质，混合设备应很好地密闭，并充入惰性气体加以保护。在安装机械搅拌的同时，还要辅以气流搅拌，或增设冷却装置防局部过热。

有危险的气流搅拌尾气应加以回收处理。对于混合可燃粉料，设备应很好接地以导除静电，并应在设备上安装爆破片。混合设备不允许落入金属物件。进入大型机械搅拌设备检修，其设备应切断电源或开关加锁，绝对不允许任意启动。

① 液-液混合：应依据液体的黏度和所进行的过程，如分散、反应、除热、溶解或多个过程的组合，设计搅拌。要有仪表测量和报警装置强化的工作保证系统。装料时就应开启搅拌。对于爆炸混合物的处理，需要应用软墙或隔板隔开，远程操作。

② 气-液混合：整个流线的低流速或低压报警、自动断路、防止静电产生等，才能使混合顺利进行。

③ 固-液混合：如果是重质混合，必须移除一切坚硬的无关的物质。在搅拌容器内固体分散或溶解操作中，必须考虑固体在器壁的结垢和出口管线的堵塞。

④ 固-固混合：固-固混合须利用重型设备，操作中最突出的是机械危险。如果固体是可燃的，可在惰性气体中操作，采用爆炸卸荷防护墙设施，消除火源，要特别注意静电的产生或轴承的过热等。应该采用筛分、磁分离、手工分类等方法移除杂金属或过硬固体等。

⑤ 气-气混合：易燃混合物和爆炸混合物需要惯常的防护措施。

第五节　输送操作的安全技术

输送设备除了要加强对机械设备的常规维护之外，还要对齿轮、皮带、链条等部位采取防护措施。

气流输送分为吸送式和压送式。气流输送系统除设备本身会产生故障之外，最大的问题是系统的堵塞和由静电引起的粉尘爆炸。

粉料气流输送系统应保持良好的严密性。其管道材料应选择导电性材料并有良好的接地，如采用绝缘材料管道，则管外应采取接地措施。

输送速度不应超过该物料允许的流速，粉料不要堆积管内，要及时清理管壁。

用泵类输送可燃液体时，其管内流速不应超过安全速度。

在输送有爆炸性或燃烧性物料时，要采用惰性气体代替空气，以防造成燃烧或爆炸。

可燃气体要求压力不太高时，液环泵输送比较安全。可燃气体的管道应经常保持正压，并根据实际安装逆止阀、水封和阻火器等安全装置。

第六节　干燥、蒸发与蒸馏操作的安全技术

一、干燥的安全技术要点

干燥过程中要严格控制温度，防止局部过热，以免造成物料分解爆炸。在过程中散发出来的易燃、易爆气体或粉尘，不应与明火和高温表面接触，防止爆燃。在气流干燥中应有防

静电措施，在滚筒干燥中应适当调整刮刀与筒壁的间隙，以防止火花。

二、蒸发的安全技术要点

蒸发的溶液在浓缩过程中可能有结晶、沉淀和污垢生成，导致传热效率降低，并产生局部过热，促使物料分解、燃烧和爆炸，因此要控制蒸发温度。为防止热敏性物质的分解，可采用真空蒸发的方法，降低蒸发温度，或采用高效蒸发器，增加蒸发面积，减少停留时间。

对具有腐蚀性的溶液，要合理选择蒸发器的材质。

三、蒸馏的安全技术要点

蒸馏塔釜内针孔管易结垢堵塞造成严重后果，应该选用合适的传热流体。还需要考虑冷凝器冷却管有关的故障，如塔顶沾染物、馏出物和回流液，以及冷却介质及其污染物的影响。

蒸馏塔需要配置真空或压力释放设施，并考虑夹带污物进塔的危险。间歇蒸馏的釜残或传热面污垢，连续蒸馏的预热器或再沸器污染物的积累，都有可能酿成事故。

第七节　其他单元操作的安全技术

一、吸收操作的安全技术要点

① 容器中的液面应自动控制和易于检查。对于毒性气体，必须有低液位报警。

② 控制溶剂的流量和组成，如洗涤酸气溶液的碱性液体；如用碱溶液洗涤氯气，用水排除氨气，液流的失控会造成严重事故。

③ 在设计限度内控制入口气流，检测其组成。

④ 控制出口气的组成。

⑤ 适当选择适于与溶质和溶剂的混合物接触的结构材料。

⑥ 在进口气流速、组成、温度和压力的设计条件下操作。

⑦ 避免潮气转移至出口气流中，如应用严密筛网或填充床除雾器等。

⑧ 一旦出现控制变量不正常的情况，应能自动启动报警装置。控制仪表和操作程序应能防止气相中溶质载荷的突增以及液体流速的波动。

二、液-液萃取操作的安全技术要点

萃取过程常常有易燃的稀释剂或萃取剂的应用。相混合、相分离以及泵输送等操作，消除静电的措施极为重要。对于放射性化学物质的处理，可采用无须机械密封的脉冲塔。在需要最小持液量和非常有效的相分离的情形中，应采用离心式萃取器。

第八节　化工单元设备操作的安全技术

一、泵的安全运行

泵的安全运行涉及流体的平衡、压力的平衡和物系的正常流动。

保证泵的安全运行的关键是加强日常检查，包括：定时检查各部轴承温度；定时检查各出口阀压力、温度；定时检查润滑油压力，定期检验润滑油油质；检查填料密封泄漏情况，适当调整填料压盖螺栓松紧；检查各传动部件有无松动和异常声音；检查各连接部件紧固情况，防止松动；泵在正常运行中不得有异常振动声响，各密封部位无滴漏，压力表、安全阀灵活好用。

二、换热器的安全运行

化工生产中对物料进行加热或冷却（沸腾或冷凝），由于加热剂、冷却剂等的不同，换热器具体的安全运行要点也有所不同。

① 蒸汽加热必须不断排除冷凝水，同时还必须及时排放不凝性气体。因为不凝性气体的存在使蒸汽冷凝的给热系数大大降低。

② 热水加热，一般温度不高，加热速度慢，操作稳定，只要定期排放不凝性气体，就能保证正常操作。

③ 烟道气一般用于生产蒸气或加热、汽化液体，烟道气的温度较高，且温度不易调节，在操作过程中，必须时时注意被加热物料的液位、流量和蒸气产量，还必须做到定期排污。

④ 导热油加热的特点是温度高（可达 400℃）、黏度较大、热稳定性差、易燃、温度调节困难，操作时必须严格控制进出口温度，定期检查进出管口及介质流道是否结垢，做到定期排污，定期放空、过滤或更换导热油。

⑤ 水和空气冷却操作时，应注意根据季节变化调节水和空气的用量，用水冷却时，还要注意定期清洗。

⑥ 冷冻盐水冷却操作时，温度低，腐蚀性较大，在操作时应严格控制进出口的温度，防止结晶堵塞介质通道，要定期放空和排污。

⑦ 冷凝操作需要注意的是，定期排放蒸汽侧的不凝性气体，特别是减压条件下不凝性气体的排放。

三、精馏设备安全运行

（一）精馏塔设备的安全运行

通常应注意的是：

① 精馏操作前应检查仪器、仪表、阀门等是否齐全、正确、灵活，做好启动前的准备。

② 预进料时，应先打开放空阀，充氮置换系统中的空气，以防在进料时出现事故，当压力达到规定的指标后停止，再打开进料阀，打入指定液位高度的料液后停止。

③ 再沸器投入使用时，应打开塔顶冷凝器的冷却水（或其他介质），对再沸器通蒸汽加热。

④ 在全回流情况下继续加热，直到塔温、塔压均达到规定指标。

⑤ 进料与出产品时，应打开进料阀进料，同时从塔顶和塔釜采出产品，调节到指定的回流比。

⑥ 控制调节精馏塔控制与调节的实质是控制塔内气、液相负荷大小，以保持塔设备良好的质、热传递，获得合格的产品；但气、液相负荷是无法直接控制的，生产中主要通过控制温度、压力、进料量和回流比来实现；运行中，要注意各参数的变化，及时调整。

⑦ 停车时，应先停进料，再停再沸器，停产品采出，降温降压后再停冷却水。

（二）精馏辅助设备的安全运行

再沸器和冷凝器在安装时应根据塔的大小及操作是否方便而确定其安装位置。对于小塔，冷凝器一般安装在塔顶，这样冷凝液可以利用位差而回流入塔；再沸器则可安装在塔底。对于大塔（处理量大或塔板数较多时），冷凝器若安装在塔顶部则不便于安装、检修和清理，此时可将冷凝器安装在较低的位置，回流液则用泵输送入塔；再沸器一般安装在塔底外部。

（三）反应器的安全运行

（1）釜体及封头的安全

釜体及封头提供足够的反应体积以保证反应物达到规定转化率所需的时间。釜体及封头应有足够的强度、刚度和稳定性及耐腐蚀能力以保证运行可靠。

（2）搅拌器的安全

搅拌器应安全可靠。搅拌器选择不当，可能发生中断或突然失效，造成物料反应停滞、分层、局部过热等，以致发生各种事故。

（四）蒸发器的安全运行

蒸发器的选型主要应考虑被蒸发溶液的性质和是否容易结晶或析出结晶等因素。

① 蒸发热敏性物料时，应考虑黏度、发泡性、腐蚀性、温度等因素，可选用膜式蒸发器，以防止物料分解；

② 蒸发黏度大的溶液，为保证物料流速应选用强制循环回转薄膜式或降膜式蒸发器；

③ 蒸发易结垢或析出结晶的物料，可采用标准式或悬筐式蒸发器或管外沸腾式和强制循环型蒸发器；

④ 蒸发发泡性溶液时，应选用强制循环型和长管薄膜式蒸发器；

⑤ 蒸发腐蚀性物料时应考虑设备用材，如蒸发废酸等物料应选用浸没燃烧蒸发器；

⑥ 当处理量小或采用间歇操作时，可选用夹套或锅炉蒸发器。

（五）容器的安全运行

（1）容器的选择

根据存储物的性质、数量和工艺要求确定存储设备。

（2）安全存量的确定

原料的存量要保证生产正常进行，主要根据原料市场供应情况和供应周期而定。

（3）容器台数的确定

主要依据总存量和容器的适宜容积确定容器的台数。

第八章　安全容器的安全技术

第一节　压力容器的设计管理

国家对压力容器设计单位实行强制的设计许可管理，没有取得设计许可证的单位或机构不得从事压力容器设计工作，取得设计许可证的单位或机构也只能从事许可范围之内的压力容器设计工作，见表 8-1。

表 8-1　压力容器设计类型

类　别	级　别	容器类型
A 类	A1 级	超高压容器、高压容器（结构形式主要包括单层、无缝、锻焊、多层包扎、绕带、热套、绕板等）
	A2 级	第三类低、中压容器
	A3 级	球形储罐
	A4 级	非金属压力容器
C 类	C1 级	铁路罐车
	C2 级	汽车罐车或拖车
	C3 级	罐式集装箱
D 类	D1 级	第一类压力容器
	D2 级	第二类低、中压容器
SAD 类		压力容器分析设计

A 类、C 类和 SAD 类压力容器设计许可证，由国家市场监督管理总局批准、颁发；D 类压力容器设计许可证由省级质量技术监督部门批准、颁发。

压力容器设计许可证的有效期限为 4 年，有效期满当年，持证单位必须办理换证手续。逾期不办或未被批准换证，取消设计资格，批准部门注销原设计许可证。

设计单位从事压力容器设计的批准（或审定）人员、审核人员（统称为设计审批人员），必须经过规定的培训，考试合格，并取得相应资格的《设计审批员资格证书》。

取得 A 类或 C 类压力容器设计资格的单位和设计审批人员，即分别具备 D 类压力容器设计资格和设计审批资格；取得 D2 级压力容器设计资格的单位和设计审批人员，即分别具备 D1 级压力容器设计资格和设计审批资格。

各类气瓶和医用氧舱的设计，实行产品设计文件审批制度，不实行设计资格许可。

设计单位应建立符合本单位的实际情况的设计质量保证体系，并且切实贯彻执行。质量保证体系文件应包括以下内容：

① 术语和缩写；

② 质量方针；

③ 质量体系包括设计组织机构，各级设计人员，设计、校准、审核、批准（或审定）人员的职、责、权，各级设计人员任命书；

④ 设计控制包括总则，工作程序，设计类别、级别、品种范围，材料代用，设计修改，设计审核修改单；

⑤ 各级设计人员的培训、考核、奖惩；

⑥ 设计管理制度包括各级设计人员的条件、各级设计人员的业务考核、各级设计人员岗位责任制、设计工作程序、设计条件的编制与审查、设计文件的签署、设计文件的标准化审查、设计文件的质量评定、设计文件的管理、设计文件的更改、设计文件的复用、设计条件图编制细则、设计资格印章的使用与管理。

申请 A1 级、A2 级、A3 级设计资格的单位，应具备 D 类压力容器的设计资格或具备相应级别的压力容器制造资格；申请 C 类设计资格的单位，应具备相应的压力罐车（罐厢）的制造资格。但学会或协会等社会团体，咨询性公司，社会中介机构，各类技术检验或检测性质的单位，与压力容器设计、制造、安装无关的其他单位不能申请设计资格。

设计单位在其设计的压力容器总图上应当加盖在有效期之内的设计资格印章，无设计资格印章的设计图纸不能进行制造，印章复印无效。设计资格印章为椭圆形，长轴为 75mm，短轴为 45mm。

印章应包括以下内容：

① "压力容器设计资格印章"字样；

② 设计单位技术总负责人姓名；

③ 设计单位设计许可证编号；

④ 设计单位设计许可证批准日期；

⑤ 设计单位全称。

其中设计许可证编号规则为：SPR＋批准部门代号＋设计类别代号＋设计单位编号＋证书失效年份。

（1）压力容器安全监察体制

国家质量监督检验检疫总局特种设备安全监察局的主要职能为：管理锅炉、压力容器、压力管道、电梯、起重机械、客运索道、大型游乐设施、场（厂）内机动车辆等特种设备的安全监察、监督工作，拟订特种设备安全监察目录、有关安全规章和安全技术规范并组织实施和监督检查。

对特种设备的设计、制造、安装、改造、维修、使用、检验检测等环节和进出口进行监督检查；调查处理特种设备事故并进行统计分析，负责特种设备检验检测机构的核准和特种设备检验检测人员、特种设备作业人员的资格考核工作。

（2）压力容器安全监察基本制度

我国压力容器安全监察基本制度分为两种：

一是压力容器行政许可制度，包括：

① 设计许可；

② 制造、安装、改造许可；

③ 维修许可；

④ 充装许可；

⑤ 使用登记；

⑥ 压力容器作业人员考核；

⑦ 检验检测机构核准；

⑧ 检验检测人员考核。

二是压力容器监督检查制度，包括：

① 强制检验制度；

② 执法检查制度；

③ 事故处理制度；

④ 监察责任制度；

⑤ 安全状况公布制度。

其具体做法是对压力容器的生产（包括设计、制造、安装、改造与维修）活动实行行政许可制度；对压力容器制造、安装过程实行监督检验制度；对压力容器使用实行登记和定期检验制度；对压力容器安全监察、检测检验、作业人员实行考核发证制度；实行现场监督检查，组织压力容器事故的调查处理。

第二节　压力容器的制造管理

一、压力容器的制造许可管理

压力容器的制造必须符合《压力容器》（GB/T 150）、《压力容器安全技术监察规程》《气瓶安全监察规程》《液化气体汽车罐车安全监察规程》等国家强制标准和安全技术规范的要求。

境外企业如果短期内完全执行中国压力容器安全技术规范确有困难时，对出口到中国的压力容器产品，在征得质检总局安全监察机构的同意后，可以采用国际上成熟的、体系完整的、并被多数国家采用的技术规范或标准，但必须同时满足中国对压力容器安全质量的基本要求。

国家对压力容器制造单位实行强制的制造许可管理，没有取得制造许可证的单位不得从事压力容器制造工作，取得制造许可证的单位也只能从事许可范围之内的压力容器市场监督管理工作。境外企业生产的压力容器产品，若出口到中国，也必须取得中国政府颁发的制造许可证。无制造许可证企业生产的压力容器产品，不得进口。

压力容器制造许可证的级别划分和许可范围如表 8-2 所示。D 级压力容器的制造许可证，由制造企业所在地的省级质量技术监督局颁发，其余级别的制造许可证由国家市场监督管理总局颁发；境外企业制造的用于境内的压力容器，其制造许可证由国家市场监督管理总局颁发。

表 8-2　压力容器制造许可证的级别划分和许可范围

级　别	制造压力容器范围	备　注
A	A1 超高压容器、高压容器 A2 第三类低、中压容器 A3 球形储罐现场组焊或球壳板制造 A4 非金属压力容器 A5 医用氧舱	A1 应注明单层、锻焊、多层包扎、绕带、热套、绕板、无缝、锻造、管制等结构形式
B	B1 无缝气瓶 B2 焊接气瓶 B3 特种气瓶	B2 应注明含(限)溶解乙炔瓶或液化石油气瓶 B3 应注明机动车用、缠绕、非重复充装、真空绝热低温气瓶等
C	C1 铁路罐车 C2 汽车罐车或长管拖车 C3 罐式集装箱	
D	D1 第二类低、中压容器 D2 第一类压力容器	

　　压力容器的《制造许可证》有效期为 4 年。申请换证的制造企业必须在《制造许可证》有效期满 6 个月以前，向发证部门的安全监察机构提出书面换证申请，经查合格后，由发证部门换发《制造许可证》。未按时提出换证申请或因审查不合格不予换证的制造企业，在原证书失效 1 年内不得提出新的取证申请。

　　各级别压力容器制造许可企业，应具备适应压力容器制造需要的制造场地、加工设备、成形设备、切割设备、焊接设备、起重设备和必要的工装。

　　压力容器制造企业具有与所制造压力容器产品相适应的、具备相关专业知识和一定资历的质量控制系统责任人员，包括设计工艺质量控制系统责任人员、材料质量控制责任人员、焊接质量控制系统责任人员、理化质量控制责任人员、热处理质量控制系统责任人员、无损检测质量控制系统责任人员、压力试验质量控制系统责任人员、最终检验质量控制系统责任人员。

　　企业应建立符合压力容器设计、制造，而且包含了质量管理基本要素的质量体系文件。质量体系文件应包括文件和资料控制、设计控制、采购与材料控制、工艺控制、焊接控制、热处理控制、无损检测控制、理化检验控制、压力试验控制、其他检验控制、计量与设备控制、不合格产品的控制、质量改进、人员培训和执行中国压力容器制造许可制度的规定。

　　压力容器制造企业必须接受国家授权的特种设备监督检验机构对其压力容器产品的安全性能进行的监督检验。监督检验在企业自检合格的基础上进行，不能代替企业的自检。监督检验应当在压力容器制造过程中进行，监督检验项目主要包括：设计图样审查、主要承压元件和焊接材料材质证明书及复验报告审查、焊接工艺及无损检测质量审查、外观及几何尺寸检查、热处理质量检查、耐压试验检查、出厂资料审查等。

　　监督检验合格的压力容器产品应逐台（气瓶按批）出具《锅炉压力容器产品安全性能监督检验证书》，并在产品铭牌上打印监督检验钢印。未经监督检验或监督检验不合格的产品不得出厂。

二、安全附件的检验

　　安全附件的检验包括对压力表、液位计、测温仪表、爆破片装置、安全阀的检查和校验，见表 8-3。

表 8-3 安全附件检验内容

项 目	检验内容
压力表	①压力表的选型 ②压力表的定期检修维护制度，检定有效期及其封印 ③压力表外观、精度等级、量程、表盘直径 ④在压力表和压力容器之间装设三通旋塞或者针形阀的位置、开启标记及锁紧装置 ⑤同一系统上各压力表的读数是否一致
液位计	①液位计的定期检修维护制度 ②液位计外观及附件 ③寒冷地区室外使用或者盛装 0℃ 以下介质的液位计选型 ④用于易燃、毒性程度极度、高度危害介质的液化气体压力容器时，液位计的防止泄漏保护装置
测温仪表	①测温仪表的定期检定和检修制度 ②测温仪表的量程与其检测的温度范围的匹配情况 ③测温仪表及其二次仪表的外观
爆破片装置	①检查爆破片是否超过产品说明书规定的使用期限 ②检查爆破片的安装方向是否正确；核实铭牌上的爆破压力和温度是否符合运行要求 ③爆破片单独作泄压装置的，检查爆破片和容器间的截止阀是否处于全开状态，铅封是否完好 ④爆破片和安全阀串联使用，如果爆破片装在安全阀的进口侧，应当检查爆破片和安全阀之间装设的压力表有无压力显示，打开截止阀检查有无气体排出 ⑤爆破片和安全阀串联使用，如果爆破片装在安全阀的出口侧，应当检查爆破片和安全阀之间装设的压力表有无压力显示，如果有压力显示应当打开截止阀，检查能否顺利疏水、排气 ⑥爆破片和安全阀并联使用时，检查爆破片与容器间装设的截止阀是否处于全开状态，铅封是否完好

第三节 压力容器运行的安全技术

一、投用的安全技术

（一）准备工作

压力容器投用前，使用单位应做好基础管理（软件）、现场管理（硬件）的运行准备工作。

（1）基础管理工作

① 规章制度建设。压力容器运行前必须有该容器的安全操作规程（或操作法）和各种管理制度，有该容器明确的安全操作要求。初次运行还必须制订试运行方案（或开车方案和开车操作票），明确人员的分工和操作步骤、安全注意事项等。

② 人员培训。在容器试运行前必须对他们进行相关的安全操作规程或操作法和管理制度的岗前培训和考核。设置压力容器专职管理人员并获得压力容器管理人员证。压力容器的初次运行应由压力容器管理人员和生产工艺技术人员（两者可合二为一）共同组织策划和指挥，并对操作人员进行具体的操作分工和培训。

③ 设备报批。设备压力容器投用前，容器必须办理好报装手续后由具有资质的施工单位负责施工，并经竣工验收，办理使用登记手续，取得质量技术监督部门发给的《压力容器

使用证》。

（2）现场管理工作

主要包括对压力容器本体附属设备、安全装置等进行必要的检查。具体要求如下：

① 安装、检验、修理工作遗留的辅助设施，如脚手架、临时平台、临时电线等是否全部拆除；容器内有无遗留工具、杂物等。

② 电、气等的供给是否恢复，道路是否畅通；操作环境是否符合安全运行的要求。

③ 检查容器本体表面有无异常；是否按规定做好防腐和保温及绝热工作。

④检查系统中压力容器连接部位、接管等的连接情况，该抽的盲板是否抽出，阀门是否处于规定的启闭状态。

⑤ 检查附属设备及安全防护设施是否完好。

⑥ 检查安全附件、仪器仪表是否齐全，并检查其灵敏程度及校验情况，若发现安全附件无产品合格证或规格、性能不符合要求或逾期未校验情况，不得使用。

（二）开车与试运行

试运行前需对容器、附属设备、安全附件、阀门及关联设备等进一步确认检查。对设备管线作吹扫贯通，预热，试开搅拌，按操作法再次检查阀门、安全附件、气体置换、热紧密封、预充压后等现象，一经发现应先处理后开车。

按操作规程或操作法要求，按步骤先后进（投）料，并密切注意工艺参数的变化，对超出工艺指标的应及时调控。同时操作人员要沿工艺流程线路跟随物料进程进行检查，防止物料泄漏或走错流向。同时注意检查阀门的开启度是否合适，注意运行中的细微变化特别是工艺参数的变化。

二、运行控制的安全技术

运行中对工艺参数的安全控制，是压力容器正确使用的重要内容。

对压力容器运行的控制主要是对运行过程中工艺参数的控制，即压力、温度、流量、液位、介质配比、介质腐蚀性、交变载荷等的控制。压力容器运行的控制有手动控制（简单的生产系统）和自动联锁控制（工艺复杂、要求严格的系统）。具体的控制关键点是：压力和温度、流量和介质配比、液位、介质腐蚀、交变载荷。

压力容器运行控制可通过手动操作或自动控制。但压力容器的运行控制绝对不能单纯依赖自动控制，压力容器运行的自动控制系统离不开人。

（一）安全操作技术

操作人员必须按规定的程序进行操作。具体要点如下：

① 平稳操作。

② 严格控制工艺指标。

③ 严格执行检修办证制度。办理检修交出证书、办理动火证、办理进塔入罐许可证。重大的检修交出，或安全危害较大的压力容器检修交出，还需经压力容器管理员或企业技术负责人审核。

④ 坚持容器运行巡检和实行应急处理的预案制度。必须坚持压力容器运行期间的现场巡回检查制度，特别是操作控制高度集中（设立总控室）的压力容器生产系统。通过现场巡查，及时发现操作中或设备上出现的跑、冒、滴、漏、超温、超压、壳体变形等不正常状态，才能及时采取相应的措施进行消除或调整甚至停车处理。

（二）运行中的主要检查内容

① 工艺条件；

② 设备状况；

③ 安全装置。

（三）压力容器基础管理

压力容器基础管理主要包括压力容器的技术文件和技术档案等基础资料、压力容器的使用管理制度和操作规程等的管理。

（1）交付使用前的基础管理

压力容器使用前的基础管理工作包括压力容器的设计订货（或直接选购）、容器进厂、报装、安装、验收调试等全过程管理。

在压力容器交付使用前，压力容器的使用单位应将由压力容器进厂到交付使用前的所有技术资料，包括随机资料、报装资料、安装验收资料及各种原始记录收集整理并归档。

压力容器到货后应对到货的压力容器进行检查验收。检查验收内容如下：

① 随机资料是否齐全：基础资料不合格，应责令制造商补齐或要求退货，否则，无法办理使用登记手续。

② 产品质量验收和基础资料审核。

③ 安装调试资料和原始记录。

（2）技术档案

压力容器的技术档案是压力容器设计、制造、使用、检修全过程的文字记载，通过它可以使容器的管理和操作人员掌握设备的结构特征、介质参数和缺陷的产生及发展趋势，还可以用于指导容器的定期检验以及修理、改造工作，也是容器发生事故后，用以分析事故原因的重要依据之一。

压力容器应逐台建立技术档案。技术档案包括容器的原始技术资料、使用情况记录和容器安全附件技术资料等。

压力容器的技术档案除了包含使用前的技术资料和原始记录外，还应包括或补齐以下内容：

① 档案卡。

② 设计文件。包括设计图样、技术条件、强度计算书。

③ 安装技术文件和资料。

④ 检验、检测记录及有关检验技术文件。

⑤ 修理方案与实际修理情况记录及有关技术文件和资料。

⑥ 技术改造资料。

⑦ 安全附件校验、修理和更换记录。

⑧ 事故的记录资料和处理报告。

⑨ 运行记录和停用记录。

（3）使用登记

压力容器的使用单位，在压力容器投入使用前，应按《压力容器使用登记管理规则》的要求，向地、市级质量技术监督部门锅炉压力容器安全监察机构申报和办理使用登记手续，取得使用证，才能将容器投入运行。

（4）统计报表

为了便于全面掌握企业压力容器的增减动态、检修和利用情况，了解压力容器使用状况，还必须设置和填报压力容器统计报表。

（四）压力容器安全使用管理

（1）岗位责任制

① 管理人员的职责。

② 操作人员的职责。

（2）基础工作管理制度

压力容器选购、验收、安装调试、使用登记、备件管理、操作人员培训及考核、技术档案管理和统计报表等制度，称为基础工作管理制度。

压力容器在使用过程中的基础工作管理制度主要包括如下几项：

① 压力容器定期检验制度。

② 压力容器修理、改造、检验、报废的技术审查和报批制度。

③ 压力容器安装、改造、移装的竣工验收制度。

④ 压力容器安全检查制度。

⑤ 交接班制度。

⑥ 压力容器维护保养制度。

⑦ 安全附件校验与修理制度。

⑧ 压力容器紧急情况处理制度。

⑨ 压力容器事故报告与处理制度。

⑩ 接受安全监察部门监督检查制度。

（3）安全操作规程

安全操作规程（岗位操作法）应包括下列内容：

① 压力容器的操作工艺控制指标及调控方法和注意事项。

② 压力容器岗位操作方法。

③ 压力容器运行中日常检查的部位和内容要求。

④ 现场、岗位操作安全的基本要求。

⑤ 压力容器运行中可能出现的异常现象的判断和处理方法以及防范措施。

⑥ 压力容器的防腐蚀措施和停用时的维护保养方法。

⑦ 对二、三类压力容器操作岗位还应包括事故应急预案的具体操作步骤和要求。

第四节　压力容器停止运行的安全技术

一、正常停止运行的安全技术

由于容器及设备按有关规定要进行定期检验、检修、技术改造，因原料、能源供应不及时，内部填料定期处理、更换或因工艺需要采取间歇式操作方法等正常原因而停止运行，均属正常停止运行。

压力容器及其设备的停运过程是一个变操作参数过程。在较短的时间内容器的操作压力、操作温度、液位等不断变化，要进行切断物料、返出物料、容器及设备吹扫、置换等大量操作工序。为保证操作人员能安全合理地操作，容器设备、管线、仪表等不受损坏。正常停运过程中应注意以下事项：

（1）编制停运方案

① 停运周期（包括停工时间和开工时间）及停运操作的程序和步骤。

② 停运过程中控制工艺参数变化幅度的具体要求。

③ 容器及设备内剩余物料的处理、置换清洗方法及要求，动火作业的范围。

④ 停运检修的内容、要求，组织实施及有关制度。

（2）降温、降压速度控制

停运中降温、降压速度的控制应严格控制降温、降压速度，因为急剧降温会使容器壳壁产生疲劳现象和较大的温度压力，严重时会使容器产生裂纹、变形、零部件松脱、连接部位泄漏等现象，以致造成火灾、爆炸事故。对于储存液化气体的容器，由于器内的压力取决于温度，所以必须先降温，才能实现降压。

（3）清除剩余物料

如果单台容器停运，需在排料后用盲板切断与其他容器及压力源的连接；如果是整个系统停运，需将整个系统装置中的物料用真空法或加压法清除。对残留物料的排放与处理应采取相应的措施，特别是可燃、有毒气体应排至安全区域。

（4）准确执行停运操作

停运操作不同于正常操作，要求更加严格、准确无误。开关阀门要缓慢，操作顺序要正确，如蒸汽介质要先开排凝阀，待冷凝水排净后关闭排凝阀，再逐步打开蒸汽阀，防止因水击损坏设备或管道。

二、紧急停止运行的安全技术

压力容器在运行过程中，如果突然发生故障，严重威胁设备和人身安全时，操作人员应立即采取紧急措施，停止容器运行。

（1）应立即停止运行的异常情况

① 容器的工作压力、介质温度或容器壁温度超过允许值，在采取措施后仍得不到有效控制。

② 容器的主要承压部件出现裂纹、鼓包、变形、泄漏、穿孔、局部严重超温等危及安全的缺陷。

③ 压力容器的安全装置失效、连接管件断裂、紧固件损坏难以保证安全运行。

④ 压力容器充装过量或反应容器内介质配比失调，造成压力容器内部反应失控。

⑤ 容器液位失去控制，采取措施仍得不到有效控制。

⑥ 压力容器出口管道堵塞，危及容器安全。

⑦ 容器与管道发生严重振动，危及容器安全运行。

⑧ 高压容器的信号孔或警告孔泄漏。

⑨ 主要通过化学反应维持压力的容器，因管道堵塞或附属设备、进口阀等失灵或故障造成容器突然失压，后工序介质倒流，危及容器安全。

（2）紧急停止运行的安全技术

压力容器紧急停运时，操作人员必须做到"稳""准""快"，即保持镇定，判断准确、操作正确，处理迅速，防止事故扩大。在执行紧急停运的同时，还应按规定程序及时向本单位有关部门报告。对于系统性连续生产的，还必须做好与前、后相关岗位的联系工作。紧急停运前，操作人员应根据容器内介质状况做好个人防护。压力容器紧急停止运行时应注意以下事项：

① 对压力源来自器外的其他容器或设备，如换热容器、分离容器等，应迅速切断压力来源，开启放空阀、排污阀，遇有安全阀不动时，拉动安全阀手柄强制排气泄压。

② 对器内产生压力的容器，超压时应根据容器实际情况采取降压措施。当反应容器超压时，应迅速切断电源，使向容器内输送物料的运转设备停止运行，同时联系有关岗位停止向容器内输送物料；迅速开启放空阀、安全阀或排污阀，必要时开启卸料阀、卸料口紧急排料，在物料未放尽前，搅拌不能停止；对产生放热反应的容器，还应增大冷却水量，使其迅速降温。液化气体介质的储存容器，超压时应迅速采取强制降温等降温措施，液氨储罐还可开启紧急泄氨器泄压。

第五节　压力容器维护保养的安全技术

一、使用期间维护保养的安全技术

压力容器使用期间的日常维护保养工作的重点是防腐、防漏、防露、防振及仪表、仪器、电气设施及元件、管线、阀门、安全装置等的日常维护。

① 消除压力容器的跑、冒、滴、漏。

ⅰ．运行带压处理必须经压力容器管理人员、生产技术主管、岗位操作现场负责人许可（办理检修证书），由有经验的维修人员进行处理。

ⅱ．带压处理必须有懂得现场操作处理或有操作指挥协调能力的人或安全技术部门的有关人员进行现场监护，并做好应急措施。

ⅲ．带压处理所用的工具装备器具必须适应泄漏介质对维修工作的安全要求，特别是对毒性、易燃介质或高温介质，必须做好防护措施，包括防毒面具、通风透气、隔热绝热装备，防止产生火花的铝质、铜质、木质工具等。

ⅳ．带压堵漏专用固定夹具，应根据 GB/T 150 所规定的壁厚强度计算公式，完成夹具厚度的设计。

ⅴ．专用密封剂应以泄漏点的系统温度和介质特性作为选择的依据。各种型号密封剂均应通过耐压介质侵蚀试验和热失重试验。

② 保持完好的防腐层。

ⅰ．要经常检查防腐层有无脱落，检查衬里是否开裂或焊缝处是否有渗漏现象。

ⅱ．装入固体物料或安装内部附件时，应注意避免刮落或碰坏防腐层。带搅拌器的容器应防止搅拌器叶片与器壁碰撞。

ⅲ．内装填料的容器，填料环应布放均匀，防止流体介质运动的偏流磨损。

③ 保护好保温层。

④ 减少或消除容器的振动。

⑤ 维护保养好安全装置。

二、停用期间的安全技术

对于长期停用或临时停用的压力容器，也应加强维护保养工作。

停用期间保养不善的容器甚至比正常使用的容器损坏更快。

停止运行的容器尤其是长期停用的容器，一定要将内部介质排放干净，清除内壁的污垢、附着物和腐蚀物。

对于腐蚀性介质，排放后还需经过置换、清洗、吹干等技术处理，使容器内部干燥和洁净。

要保持容器外表面的防腐油漆等完好无损，发现油漆脱落或刮落时要及时补涂。

有保温层的容器，还要注意保温层下的防腐和支座处的防腐。

第六节　气瓶的安全技术

一、充装安全

（1）气瓶充装过量

气瓶充装过量是气瓶破裂的常见原因之一，因此必须加强管理，防止充装过量。充装压缩气体的气瓶，要按不同温度下的最高允许充装压力进行充装，防止气瓶在最高使用温度下的压力超过气瓶使用的最高允许压力。充装液化气体的气瓶，必须严格按规定的充装系数充装，不得超量，若发现超装，应立即将超装瓶卸出。

（2）防止不同性质气体混装

属下列情况之一的，应先进行处理，否则严禁充装。

① 钢印标记、颜色标记不符规定及无法判定瓶内气体的。

② 改装不符合规定或用户自行改装的。

③ 附件不全、损坏或不符合规定的。

④ 瓶内无剩余压力的。

⑤ 超过检验期的。

⑥ 外观检查有明显损伤，需进一步进行检查的。

⑦ 氧化或强氧化性气体气瓶沾有油脂的。

⑧ 易燃气体气瓶的首次充装，事先未经置换和抽空的。

（3）储存安全

① 气瓶的储存应由专人负责管理。

② 气瓶的储存，空瓶、实瓶应分开（分室储存）。

③ 气瓶库（储存间）应符合建筑设计防火规范，应采用二级以上防火建筑。

④ 气瓶库应通风、干燥，防止雨（雪）淋、水浸，避免阳光直射，要有便于装卸、运输的设施。

⑤ 地下室或半地下室不能储存气瓶。

⑥ 瓶库有明显的"禁止烟火""当心爆炸"等必要的安全标志。

⑦ 瓶库应有运输和消防通道，设置消防栓和消防水池。在固定地点备有专用灭火器、灭火工具和防毒用具。

⑧ 储气的气瓶应戴好瓶帽，最好戴固定瓶帽。

⑨ 实瓶一般应立放储存。卧放时，应防止滚动，瓶头（有阀端）应朝向一方。垛放不

得超过 5 层，并妥善固定。

⑩ 实瓶的储存数量应有限制，在满足当天使用量和周转量的情况下，应尽量减少储存量。

（4）使用安全

① 使用气瓶者应学习气体与气瓶的安全技术知识，在技术熟练人员的指导监督下进行操作练习，合格后才能独立使用。

② 使用前应对气瓶进行检查，确认气瓶和瓶内气体质量完好，方可使用。

③ 按照规定，正确、可靠地连接各工具等，检查、确认没有漏气和灰尘、杂物。

④ 气瓶使用时，一般应立放（乙炔瓶严禁卧放使用），不得靠近热源。

⑤ 使用易起聚合反应的气体的气瓶，应远离射线、电磁波、振动源。

⑥ 防止日光暴晒、雨淋、水浸。

⑦ 移动气瓶应手搬瓶肩转动瓶底，严禁抛、滚、滑、翻和肩扛、脚踹。

⑧ 禁止敲击、碰撞气瓶。

⑨ 注意操作顺序。

⑩ 瓶阀冻结时，不准用火烤。移入温度较高处或用 40℃ 以下的温水浇淋解冻。

二、气瓶的安全附件

① 安全泄压装置。气瓶常见的泄压附件有爆破片和易熔塞。

② 其他附件（防震圈、瓶帽、瓶阀）。

三、气瓶的颜色

GB/T 7144—2016《气瓶颜色标记》对气瓶的颜色、字样和色环做了严格的规定，见表 8-4。

表 8-4　气瓶颜色标记对照表

气瓶名称	外表面颜色	字样	字样颜色	色　环
氢	深绿	氢	红	$p=14.7$MPa 不加色环 $p=19.6$MPa 黄色环一道 $p=29.4$MPa 黄色环两道
氧	天蓝	氧	黑	
氨	黄	液氨	黑	
氯	草绿	液氯	白	
空气	黑	空气	黄	
氮	黑	氮	黑	$p=14.7$MPa 不加色环 $p=19.6$MPa 白色环一道 $p=29.4$MPa 白色环两道
二氧化碳	铝白	液化二氧化碳		$p=14.7$MPa 不加色环 $p=19.6$MPa 黑色环一道
乙烯				$p=12.2$MPa 不加色环 $p=14.7$MPa 白色环一道 $p=19.6$MPa 白色环两道

四、气瓶的检验

气瓶的定期检验，应由取得检验资格的专门单位负责进行。

① 盛装腐蚀性气体气瓶，每 2 年检验一次。

② 盛装一般气体的气瓶，每 3 年检验一次。

③ 液化石油气气瓶，使用未超过 20 年的，每 5 年检验一次；超过 20 年的，每 2 年检验一次。

④ 盛装惰性气体的气瓶，每 5 年检验一次。

⑤ 气瓶在使用过程中，发现有严重腐蚀、损伤或对其安全可靠性有怀疑时，应提前进行检验。库存和使用时间超过一个检验周期的气瓶，启用前应进行检验。气瓶检验单位，要按规定出具检验报告。未经检验和检验不合格的气瓶不得使用。

第七节　工业锅炉的安全技术

锅炉是使燃烧产生的热能把水加热或变成水蒸气的热力设备，由"锅"和"炉"以及为保证"锅"和"炉"正常运行所必需的附件、仪表及附属设备等三大类（部分）组成。

"锅"是指锅炉中盛放水和水蒸气的密封受压部分，是锅炉的吸热部分，主要包括汽包、对流管、水冷壁、联箱、过热器、省煤器等。"锅"再加上给水设备就组成锅炉的汽水系统。

"炉"是指锅炉中燃料进行燃烧、放出热能的部分，是锅炉的放热部分，主要包括燃烧设备、炉墙、炉拱、钢架和烟道及排烟除尘设备等。

锅炉的附件和仪表很多，锅炉的附属设备也很多。

作为特种设备的锅炉的安全监督应特别予以重视。

一、水质处理

目前水处理方法从两方面进行，一种是炉内水处理，另一种是炉外水处理。

① 炉内水处理。也叫锅内水处理，适于小型锅炉使用，也可作为高、中压锅炉的炉外水处理补充，以调整炉水质量。

② 炉外水处理。在给水前通过各种物理和化学的方法，把水中对锅炉运行有害的杂质除去，使给水达到标准，从而避免锅炉结垢和腐蚀。

③ 除气。除去溶解在锅炉给水中的氧气、二氧化碳，防止锅炉的给水管道和锅炉本体腐蚀。

二、锅炉启动的安全要点

（1）全面检查

主要内容有：检查汽水系统、燃烧系统、风烟系统、锅炉本体和辅机是否完好；检查人孔、手孔、看火门、防爆门及各类阀门、接板是否正常；检查安全附件是否齐全、完好并使之处于启动所要求的位置；检查各种测量仪表是否完好等。

（2）上水

为防止产生过大热应力，上水水温最高不应超过 90～100℃；上水速度要缓慢，全部上水时间在夏季不小于 1h，在冬季不小于 2h。冷炉上水至最低安全水位时应停止上水，以防受热膨胀后水位过高。

（3）烘炉和煮炉

新装、大修或长期停用的锅炉，其炉膛和烟道的墙壁非常潮湿，锅炉在上水后启动前要进行烘炉。

煮炉的目的是清除锅炉蒸发受热面中的铁锈、油污和其他污物，减少受热面腐蚀，提高锅水和蒸汽的品质。

（4）点火与升压

一般锅炉上水后即可点火升压；进行烘炉、煮炉的锅炉，待煮炉完毕、排水清洗后再重新上水，然后点火升压。从锅炉点火到锅炉蒸汽压力上升到工作压力，这是锅炉启动中的关键环节。需要注意以下问题：

① 防止炉膛内爆炸，分析炉膛内可燃物的含量，低于爆炸下限时，才可点火。

② 防止热应力和热膨胀造成破坏，锅炉的升压过程一定要缓慢进行。

③ 监视和调整各种变化。

（5）暖管与并汽

所谓暖管，即用蒸汽缓慢加热管道三阀门、法兰等元件，使其温度缓慢上升，避免向冷态或较低温度的管道突然供入蒸汽，以防止热应力过大而损坏管道、阀门等元件。同时将管道中的冷凝水驱出，防止在供汽时发生水击。

并汽也叫并炉、并列，即投入运行的锅炉向共用的蒸汽总管供汽。并汽时应燃烧稳定、运行正常、蒸汽品质合格以及蒸汽压力稍低于蒸汽总管内气压。

三、锅炉运行中的安全要点

① 锅炉运行中，保护装置与联锁装置不得停用。

② 锅炉运行中，安全阀每天人为排汽试验一次。电磁安全阀电气回路试验每月应进行一次。安全阀排汽试验后应符合规定，并作记录。

③ 锅炉运行中，应定期进行排污试验。

四、锅炉停炉时的安全要点

锅炉停炉分正常停炉和紧急停炉（事故停炉）两种。

（1）正常停炉

正常停炉是计划内停炉。停炉中应注意的主要问题是：防止降压降温过快。停炉操作应按规定的次序进行。

锅炉正常停炉时先停燃料供应，随之停止送风，降低引风。与此同时，逐渐降低锅炉负荷，相应地减少锅炉上水，但应维持锅炉水位稍高于正常水位。锅炉停止供汽后，应隔绝与蒸汽总管的连接，排汽降压。

待锅内无气压时，开启空气阀，以免锅内因降温形成真空。为防止锅炉降温过快，在正常停炉的 4～6h 内，应紧闭炉门和烟道接板。之后打开烟道接板缓慢加强通风，适当放水。停炉 18～24h，在锅水温度降至 70℃ 以下时，方可全部放水。

（2）紧急停炉

锅炉运行中出现水位低于水位表的下部可见边缘；加大向锅炉加水及其他措施，水位仍继续下降；水位超过最高可见水位（满水），经放水仍不能看到水位；给水泵全部失效或给水系统故障不能向锅炉进水；水位表或安全阀全部失效；元件损坏等严重威胁锅炉运行，应立即停炉。

紧急停炉的操作次序是：立即停止添加燃料和送风，减弱引风。同时，设法熄灭膛内的燃料，对于一般层燃炉可以用砂土或湿灰灭火，链条炉可以开快挡使炉排快速运转把红火送入灰坑。

灭火后立即把炉门、灰门及烟道接板打开，以加强通风冷却。锅内可以较快降压并更换锅水，锅水冷却至70℃左右允许排水。但因缺水紧急停炉时，严禁给炉上水并不得开启空气阀及安全阀快速降压。

第九章　化工装置检修的安全技术

第一节　装置停车的安全技术

一、案例

某年，河南省某市电石厂乙酸车间发生一起浓乙醛储槽爆炸事故，造成 2 人死亡，1 人重伤。

该车间检修一台氮气压缩机，停机后没有将此机氮气入口阀门切断，也不上盲板。停车检修时，空气被大量吸入氮气系统，另一台正在工作的氮气压缩机把混有大量空气的氮气送入浓乙醛储槽，引起强烈氧化反应，发生化学爆炸。

事故原因：违反检修操作规程。

二、停车操作注意事项

（1）停车操作应注意的问题

① 降温降压的速度应严格按工艺规定进行。

② 停车阶段执行的各种操作应准确无误，关键操作采取监护制度。

③ 装置停车时，所有装备中的物料要处理干净，各种介质严禁就地排放，以免污染环境或发生事故。停车操作期间，装置周围应杜绝一切火源。

（2）主要设备停车操作

① 制订停车和物料处理方案，停车操作前，要向操作人员进行技术交底。

② 停车操作时，车间技术负责人要在现场监视指挥，按规程操作，严防误操作。

③ 停车过程中，对发生的异常情况和处理方法，要随时做好记录。

④ 对关键性操作，要采取监护制度。

三、吹扫与置换

化工设备、管线的抽净、吹扫、排空作业的好坏，是关系到检修工作能否顺利进行和人身、设备安全的重要条件之一。当吹扫仍不能彻底清除物料时，则需进行蒸汽吹扫或用氮气等惰性气体置换。

（1）吹扫作业注意事项

① 吹扫时要注意选择吹扫介质。

② 吹扫时阀门开度应小。稍停片刻，使吹扫介质少量通过，注意观察畅通情况。采用蒸汽作为吹扫介质时，有时需用胶皮软管，胶皮软管要绑牢，同时要检查胶皮软管承受压力情况，禁止将临时性吹扫作业使用的胶管用于中压蒸汽。

③ 设有流量计的管线，为防止吹扫蒸汽流速过大及管内带有铁渣、锈、垢，损坏计量仪表内部构件，一般经由副线吹扫。

④ 机泵出口管线上的压力表阀门要全部关闭，防止吹扫时发生水击把压力表震坏，压缩机系统倒空置换原则，由低、中、高的次序依次倒空，最后将高压气体排入火炬。

⑤ 管壳式换热器、冷凝器在用蒸汽吹扫时，必须分段处理，并要放空泄压，防止液体汽化，造成设备超压损坏。

⑥ 吹扫时，要按系统逐次进行，再把所有管线（包括支路）都吹扫到，不能留有死角。吹扫完应先关闭吹扫管线阀门，后停汽，防止被吹扫介质倒流。

⑦ 精馏塔系统倒空吹扫，应按顺序进行。塔、容器及冷换设备吹扫之后，还要通过蒸汽在最低点排空，直到蒸汽中不带油为止，最后停汽，打开低点放空阀排空，要保证设备打开后无油、无瓦斯，确保检修动火安全。

⑧ 对低温生产装置，考虑到复工开车系统内对露点指标控制很严格，所以不采用蒸汽吹扫，而要用氮气分片集中吹扫，最好用干燥后的氮气进行吹扫置换。

⑨ 吹扫采用本装置自产蒸汽，应首先检查蒸汽中是否带油。装置内油、汽、水等有互蹿的可能，一旦发现互蹿，蒸汽就不能用来灭火或吹扫。

（2）特殊置换

丁二烯生产系统，停车后不宜用氮气吹扫，因氮气中有氧的成分，容易生成丁二烯自聚物。丁二烯自聚物很不稳定，遇明火和氧、受热、受撞击可迅速自行分解爆炸。检修这类设备前，多采用氢氧化钠水溶液处理法直接破坏丁二烯过氧化自聚物。

四、抽堵盲板

生产装置停车检修，在装置退料进行蒸、煮、水洗置换后，需要在检修的设备和运行系统管线相接的法兰接头之间插入盲板，以切断物料窜进检修装置的可能。具体操作程序如下：

① 抽堵盲板工作应由专人负责，根据工艺技术部门审查批复的工艺流程盲板图，进行抽堵盲板作业，统一编号，做好抽堵记录。

② 负责盲板抽堵的人员要相对稳定，一般情况下，抽堵盲板的工作由一人负责。

③ 抽堵盲板的作业人员，要进行安全教育及防护训练，落实安全技术措施。

④ 登高作业要考虑防坠落、防中毒、防火、防滑等措施。

⑤ 拆除法兰螺栓时要逐步缓慢松开，防止管道内余压或残余物料喷出；发生意外事故，堵盲板的位置应在来料阀的后部法兰处，盲板两侧均应加垫片，并用螺栓紧固，做到无泄漏。

⑥ 盲板要符合技术要求，且要留有把柄，并于明显处挂牌标记。

在盲板抽堵作业前，必须办理盲板抽堵安全作业证，没有盲板抽堵安全作业证不能进行盲板抽堵作业。

五、装置环境安全标准

① 在设备内检修、动火时，氧含量、燃烧爆炸物质浓度、有毒物质浓度符合标准。

② 设备外壁检修、动火时，设备内部的可燃气体含量应低于安全值。

③ 水井、沟、设备管道符合标准。

④ 设备、管道的排空、冲洗、置换合格。

第二节　检修动火作业的安全技术

一、案例

某年 5 月 21 日，某石化公司炼油厂水净化车间安装第一污水处理场隔油池上"油气集中排放脱臭"设施的排气管道时，气焊火花由未堵好的孔洞落入密封的油池引起爆燃。

事故原因：严重违反用火管理制度；安全部门审批签发的动火票等级不同，未亲临现场检查防火措施的可靠性；施工单位未认真执行用火管理制度，动火地点与火票上的地点不符。

二、动火作业规范

在化工装置中，凡是动用明火或可能产生火种的作业都属于动火作业。例如：电焊、气焊、切割、熬沥青、烘砂、喷灯等明火作业；凿水泥基础、打墙眼、电气设备的耐压试验、电烙铁、锡焊等易产生火花或高温的作业。因此凡检修动火部位和地区，必须按厂区动火作业安全规程的要求，采取措施，办理审批手续。

（一）动火安全要点

① 审证。在禁火区内动火应办理动火证的申请、审核和批准手续，明确动火地点、时间、动火方案、安全措施、现场监护人等。审批主要有两点：一是动火设备本身，二是动火的周围环境。要做到"三不动火"，即没有动火证不动火，防火措施不落实不动火，监护人不在现场不动火。

② 联系。动火前要和生产车间、工段联系，明确动火的设备、位置。事先由专人负责做好动火设备的置换、清洗、吹扫、隔离等解除危险因素的工作，并落实其他安全措施。

③ 隔离。动火设备应与其他生产系统可靠隔离，防止运行中设备、管道内的物料泄漏到动火设备中来；将动火地区与其他区域采取临时隔火墙等措施加以隔开，防止火星飞溅而引起事故。

④ 移去可燃物。

⑤ 灭火措施。

⑥ 检查与监护。

⑦ 动火分析。

⑧ 动火。

⑨ 善后处理。

（二）动火作业安全要求

（1）油罐带油动火

在油面以上不准动火；补焊前应进行壁厚测定，根据测定的壁厚确定合适的焊接方法；动火前用铅或石棉绳等将裂缝塞严，外面用钢板补焊。罐内带油油面下动火补焊作业危险性很大，只在万不得已的情况下才采用，作业时要求稳、准、快，现场监护和补救措施比一般检修动火更应该加强。

（2）油管带油动火

油管带油动火处理的原则与油罐带油动火相同，只是在油管破裂，生产无法进行的情况下，抢修堵漏才用。

（3）带压不置换动火

带压不置换动火指可燃气体设备、管道在一定的条件下未经置换直接动火补焊。带压不置换动火的危险性极大，一般情况下不主张采用：整个动火作业必须保持稳定的正压；必须保证系统内的含氧量低于安全标准；焊前应测定壁厚；应进行空气分析，防止发生爆炸和中毒。

第三节　检修用电的安全技术

一、案例

国外某工厂检修一台直径 1m 的溶解锅，检修人员在锅内作业使用电压为 220V、功率仅 0.37kW 的电动砂轮机打磨焊缝表面，因砂轮机绝缘层破损漏电，背脊碰到锅壁，触电死亡。

事故原因：非安全电压下操作。

二、检修用电规范

检修使用的电气设施有两种：一是照明电源，二是检修施工机具电源（卷扬机、空压机、电焊机）。以上电气设施的接线工作须由电工操作，其他工种不得私自乱接。

电气设施要求线路绝缘良好，没有破皮漏电现象。线路敷设整齐不乱，埋地或架高敷设均不能影响施工作业、行人和车辆通过。线路不能与热源、火源接近。

移动或局部式照明灯要有铁网罩保护。光线阴暗、设备内以及夜间作业要有足够的照明，临时照明灯具悬吊时，不能使导线承受张力，必须用附属的吊具来悬吊。行灯应用导线预先接地。检修装置现场禁用闸刀开关板。正确选用熔断丝，不准超载使用。

电气设备，如电钻、电焊机等手拿电动机具，在正常情况下，外壳没有电，当内部线圈年久失修，腐蚀或机械损伤，其绝缘遭到破坏时，它的金属外壳就会带电，如果人站在地上、设备上，手接触到带电的电气工具外壳或人体接触到带电导体上，人体与脚之间产生了电位差，并超过 40V，就会发生触电事故。

电气设备着火、触电，应首先切断电源。不能用水灭电气火灾，宜用干粉灭火器扑救；如触电，用木棍将电线挑开，当触电人停止呼吸时，进行人工呼吸，送医院急救。电气设备检修时，应先切断电源，并挂上"有人工作，严禁合闸"的警告牌。停电作业应履行停、复用电手续。停用电源时，应在开关箱上加锁或取下熔断器。

在生产装置运行过程中，临时抢修用电时，应办理用电审批手续。电源开关要采用防爆型，电线绝缘要良好，宜空中架设，远离传动设备、热源、酸碱等。抢修现场使用的临时照明灯具宜为防爆型，严禁使用无防护罩的行灯，不得使用 220V 电源，手持电动工具应使用安全电压。

第四节　检修高处作业的安全技术

一、案例

某年 6 月 18 日，某石化公司石油二厂发生一起多人伤亡事故。

事故原因：起重班违反脚手架搭设标准，立杆间距达 2.3m，小横杆间距达 2.4m，属违章施工作业。且在脚手架搭设完毕后，没有进行质量和安全检查。工作人员高处作业时没有系安全带。

二、高处作业规范

一般情况下，高处作业按作业高度可分为四个等级。作业高度在 2～5m 时，称为一级高处作业；作业高度在 5～15m 时，称为二级高处作业；作业高度在 15～30m 时，称为三级高处作业；作业高度在 30m 以上时，称为特级高处作业。

高处作业发生事故的原因主要是：

① 洞、坑无盖板或检修中移去盖板。

② 平台、扶梯的栏杆不符合安全要求。

③ 高处作业不系安全带、不戴安全帽、不挂安全网。

④ 梯子使用不当或梯子不符合安全要求。

⑤ 不采取任何安全措施，在石棉瓦之类不坚固的结构上作业，等。

（一）高处作业的一般安全要求

① 作业人员。职业禁忌人员不准参加，饮酒、精神不振时禁止登高作业。作业人员必须持有作业证。

② 作业条件。高处作业必须戴安全帽、系安全带。作业高度 2m 以上应设置安全网。高度超 15m 时，应在作业位置垂直下方 4m 处，架设一层安全网，且不得少于 3 层。

③ 现场管理。高处作业现场应设有围栏或其他明显的安全界标，除有关人员外，不准其他人在作业点的下面通行或逗留。

④ 防止工具材料坠落。高处作业应一律使用工具袋。较粗、重工具用绳拴牢；在格栅式平台上工作应铺设木板；递送工具、材料不准上下投掷，等等。

⑤ 防止触电和中毒。脚手架搭设时应避开高压电线，高处作业地点靠近放空管时，事先与生产车间联系，保证不向外排有毒有害物质，并交代安全措施。

⑥ 气象条件。六级以上大风、暴雨、打雷、大雾等恶劣天气应停止露天高处作业。

⑦ 注意结构的牢固性和可靠性。

（二）脚手架的安全要求

脚手架使用前，应经有关人员检查验收，认可后方可使用。验收事项包括：

① 脚手架材料。

② 脚手架的连接与固定。

③ 脚手板、斜道板和梯子。

④ 临时照明。

⑤ 冬季、雨季防滑。

⑥ 拆除。

⑦ 悬吊式脚手架和吊篮。

根据厂区高处作业安全规程的规定，高处作业必须办理《高处安全作业证》，持证作业。

第五节　检修限定空间或罐内作业的安全技术

一、案例

某年2月，某石化公司石油一厂建筑安装工程公司的工人在油库车间清扫火车汽油车时，发生窒息死亡。

事故原因：清洗槽车时未戴防毒面具，一人进槽车作业，作业时无人监护。

二、限定空间或罐内作业规范

化工装置限定空间作业频繁，危险因素多，是容易发生事故的作业。人在氧含量降到13％以下时，会死亡。限定空间内不能用纯氧通风换气，万一作业时有火星，会着火伤人。限定空间作业还会受到爆炸、中毒的威胁。可见限定空间作业中，缺氧与富氧、毒害物质超过安全浓度，都会造成事故。因此，必须办理许可证。

凡是用惰性气体（氮气）置换的设备，进入前必须用空气置换，并对氧含量进行分析。如动火作业，可燃物含量和氧含量应在规定范围内。若具有毒性，还应分析有毒物质含量在容许浓度以下。值得注意的是动火分析合格，还应符合卫生规定，不能发生中毒事故。

进入酸、碱储罐作业时，要在储罐外准备大量清水。人体接触浓硫酸，须先用布、棉花擦净，然后迅速用大量清水冲洗，并送医院处理。进入限定空间内作业时，防漏电，检修带有搅拌机械的设备，应使机械装置不能启动，再在电源处挂上"有人检修，禁止合闸"的警告牌。上述措施采取后，还应有人检查确认。

限定空间内作业时，一般应指派两人以上作罐外监护。如果没有其他急救人员在场，即使在非常时候，监护人也不得自己进入罐内。凡是进入罐内抢救的人员，必须根据现场情况穿戴防毒面具或氧气呼吸器、安全防带等防护用具，绝不允许不采取任何个人防护而冒险入罐救人。必须严格按照厂区设备内作业安全规程办理设备内安全作业证，持证作业。

罐内作业安全技术要求如下：

① 设备（槽罐、塔、釜、槽车、地下储池、炉膛、沟道、烟道、排风道等）内作业，必须办理《设备内作业许可证》。该设备必须与其他设备隔绝（加盲板或拆除一段管道，不允许采用其他方法代替），并清洗、转换。

② 进入设备内作业前30min内，要取样分析有毒、有害物质浓度，氧含量，经检验合格后，方可进入作业。在作业过程中至少每隔2h分析一次，如发现超标，立即停止作业，迅速撤出人员。

③ 进入有腐蚀性、窒息、易燃、易爆、有毒物料的设备内作业时，必须穿戴适用的个人劳动防护用品、防毒器具。

④ 在检修作业条件发生变化，并可能危害检修作业人员时，必须立即撤出设备。若要继续再进入设备内作业时，必须重新办理进入设备内作业手续。

⑤ 设备内作业必须设作业监护人。监护人应由有经验的人员担任。监护人必须认真负责，坚守岗位，并与作业人员保持有效的联络。

⑥ 设备内作业应根据设备具体情况搭设安全梯及架台，并配备救护绳索，确保应急撤离需要。

⑦ 设备内应有足够的照明，照明电源必须是安全电压，灯具必须符合防潮、防爆等安全要求。

⑧ 严禁在作业设备内外投掷工具及器材，禁止用氧气吹风。

⑨ 在设备内动火作业，除执行有关动火的规定外，动焊人员离开时，不得将焊（割）具留在设备内。

⑩ 作业完工后，经检修人、监护人与使用部门负责人共同检查，确认无误，并由检修负责人与使用部门负责人在进入设备内作业证上签字后，检修人员方可封闭设备孔。

第六节　检修起重作业的安全技术

一、案例

某年 7 月，某石油化工公司检修公司运输队在聚乙烯车间安装电动机。工作时，班长用钢丝绳拴绑 4 只 5t 滑轮和一只 16t 液压千斤顶和两根钢丝绳，然后打手势给吊车司机起吊。当吊车作抬高吊臂的操作时，一只 5t 的滑轮突然滑落，砸在吊车下的班长头上，班长经抢救无效死亡。

事故原因：班长在指挥起吊工作前，未按起重安全规程要求对起吊工具进行安全可靠性检查，并且违反"起吊重物下严禁站人"的安全规定。

二、起重作业规范

重大起重吊装作业，必须进行施工设计，批准后对吊装人员进行技术交底，学习讨论吊装方案。吊装作业前起重工应对所有起重机具进行检查，对设备性能、新旧程度、最大负荷要了解清楚。使用旧工具、设备，应按新旧程度折扣计算最大荷重。起重设备应严格根据核定负荷使用、试吊。起吊中应保持平稳，空中不应长时间滞留，并严格禁止在重物下方行人或停留。长、大物件起吊时，应设有"溜绳"，控制摇摆。起吊现场应设置警戒线，并有"禁止入内"等标志牌。起重吊运不应随意使用厂房梁架、管线、设备基础，防止损坏基础和建筑物。起重作业必须做到"五好"和"十不吊"。起重作业时，应严格按照厂区吊装作业安全规程的要求，规范此项工作。

起重吊装安全技术要求如下：

① 对 20t 以上重物和土建工程主体结构的吊装，或吊物虽不足 20t，但形状复杂、刚度小、长径比大、精密贵重、施工条件特殊的情况下，都应编制吊装方案。吊装方案经施工主管部门和安全技术等部门审查，总工程师批准后方可实施。

② 起重吊装工作必须分工明确，统一联络信号，统一指挥。

③ 不得利用厂区管道、管架、电杆、机电设备等作吊装锚点，未经确认、许可，也不

得将生产性建筑、构筑物等作吊装锚点。

④ 各种起重机械的操作，经特种作业专门训练，考核合格后持证操作。

⑤ 起重作业前必须对起重机械进行详细检查，吊装前必须进行试吊检查。

⑥ 各种起重机械必须按规定负荷进行吊装，严禁超负荷吊装，吊具、索具必须经过计算选择使用。

第七节　装置检修后开车的安全技术

一、案例

某年 9 月，吉林省某化工厂季戊四醇车间发生一起爆炸事故，造成 3 人死亡，2 人受伤。

事故原因：甲醇中间罐泄漏，检修后必须用水试压，恰逢全厂水管大修，工人违章用氮气进行带压试漏，因罐内超压，罐体发生爆炸。

二、装置开车前安全检查

（1）焊接检验

凡化工装置使用易燃、易爆、剧毒介质以及特殊工艺条件的设备、管线及经过动火检修的部位，都应按相应的规程要求进行 X 射线拍片检验和残余应力处理。

（2）试压和气密试验

一般来说，压力容器和管线试压用水作介质，不得采用有危险的液体，也不准用工业风或氮气做耐压试验。

① 检查设备、管线上的压力表、温度计、液面计、流量计、热电偶、安全阀是否调校安装完毕，灵敏好用。

② 试压前所有的安全阀、压力表应关闭，有关仪表应隔离或拆除，防止起跳或超程损坏。

③ 对被试压的设备、管线要反复检查流程是否正确，防止系统与系统之间相互串通，必须采取可靠的隔离措施。

④ 试压时，试压介质、压力、稳定时间都要符合设计要求，并严格按有关规程执行。

⑤ 对于大型、重要设备和中、高压及超高压设备、管道，在试压前应编制试压方案，制定可靠的安全措施。

⑥ 情况特殊，采用气压试验时，试压现场应加设围栏或警告牌，管线的输入端应装安全阀。

⑦ 带压设备、管线，在试验过程中严禁强烈机械冲撞或外来气串入，升压和降压应缓慢进行。

⑧ 在检查受压设备和管线时，法兰、法兰盖的侧面和对面都不能站人。

⑨ 在试压过程中，受压设备、管线如有异常响声，应立即停止试压，并卸压查明原因，视具体情况再决定是否继续试压。

（3）吹扫、清洗

在检修装置开工前，应对全部管线和设备彻底清洗，把施工过程中遗留在管线和设备内的焊渣、泥沙、锈皮等杂质清除掉，使所有管线都贯通。

（4）烘炉

各种反应炉在检修后开车前，应按烘炉规程要求进行烘炉。

① 编制烘炉方案，并经有关部门审查批准。组织操作人员学习，掌握其操作程序和应注意的事项。

② 烘炉操作应在车间主管生产的负责人的指导下进行。

③ 烘炉前，有关的报警信号、生产联锁装置应调校合格，并投入使用。

④ 点火时要采取防止喷火烧伤的安全措施以及灭火的设施。炉子熄灭后重新点火前，必须再进行置换，合格后再点火。

（5）传动设备试车

① 编制试车方案，并经有关部门审查批准。

② 专人负责进行全面仔细的检查，安全设施和装置要齐全完好。

③ 试车工作应由车间主管生产的负责人统一指挥。

④ 水、油、通风、温度计、压力表、安全阀、报警信号、联锁装置等灵敏正常。

⑤ 查明阀门的开关情况，使其处于规定的状态。

⑥ 试车现场要整洁干净，并有明显的警戒线。

（6）联动试车

① 编制联动试车方案，并经有关领导审查批准。

② 指定专人检查。

③ 专人检查系统内盲板的抽加情况。

④ 装置的自保系统和安全联锁装置合格。

⑤ 辅助系统要运行正常。

⑥ 统一指挥下进行联动试车工作。

三、装置开车的安全技术

装置开车要在开车指挥部的领导下，统一安排，并由装置所属的车间领导负责指挥开车。岗位操作工人要严格按工艺卡片的要求和操作规程操作。

（1）贯通流程

用蒸汽、氮气通入装置系统，一方面扫去装置检修时可能残留部分的焊渣、焊条头、铁屑、氧化皮、破布等，防止这些杂物堵塞管线；另一方面验证流程是否贯通。这时应按工艺流程逐个检查，确认无误，做到开车时不蹿料、不憋压。按规定用蒸汽、氮气对装置系统置换，确保系统氧含量达到安全值以下的标准。

（2）装置进料

进料前，在升温、预冷等工艺调整操作中，检修工与操作工配合做好螺栓紧固部位的热把、冷把工作，防止物料泄漏。岗位应备有防毒面具。油系统要加强脱水操作，深冷系统要加强干燥操作，为投料奠定基础。

第十章 化工废水处理技术

第一节 化工废水概况

石油和化学工业是我国重要的基础原料产业和支柱产业，其规模和发展速度对社会各个部门有着重大影响，在国民经济中占有重要位置。改革开放以来，我国石化工业的发展取得了长足的进步，已形成石油炼制、乙烯、化纤、盐化工、煤化工、精细化工、林产化工等20多个行业，4万多个品种的化工产品，主要化工产品产量已位居世界前列。中国化学工业的发展越来越引起世界瞩目，然而，不容忽视的是，中国承接国际产业转移也相应地加大了自身的能源消耗总量，化工产品生产过程的环境污染加剧，对人类健康的危害也日益普遍和严重，其中特别是精细化工产品（如药物、染料、日化用品等）生产过程中排出的废液，大多都是结构复杂、有毒有害和生物难以降解的有机物。因此，化工废水处理难度很大，是目前水处理技术方面的研究重点和热点。

一、化工废水的特征

化学工业包括有机化工和无机化工两大类，化工产品多种多样，成分复杂，排出的废水也多种多样，多数有剧毒，不易净化，在生物体内有一定的积累作用，易使水质恶化。有机化工废水则成分多样，合成橡胶、合成塑料、人造纤维、合成染料、油漆涂料、制药等过程中排放的废水，具有强烈耗氧的性质，毒性较强，且由于多数是人工合成的有机化合物，因此污染性很强，不易分解。

化工废水的基本特征为：

① 水质成分复杂，副产物多，反应原料常为溶剂类物质或环状结构的化合物，增加了废水的处理难度。

② 废水中污染物含量高，这是由于原料反应不完全或生产中使用的大量溶剂介质进入了废水体系。

③ 有毒有害物质多，精细化工废水中有许多有机污染物对微生物是有毒有害的，如卤素化合物、硝基化合物、具有杀菌作用的分散剂或表面活性剂等。

④ 生物难降解物质多，可生化性差。

⑤ 废水色度高。

二、化工废水处理技术特点

《水十条》指出取缔"十小"企业。2016 年底前，按照水污染防治法律法规要求，全部取缔不符合国家产业政策的小型造纸、制革、印染、染料、炼焦、炼硫、炼砷、炼油、电镀、农药等严重污染水环境的生产项目。

专项整治十大重点行业。制订造纸、焦化、氮肥、有色金属、印染、农副食品加工、原料药制造、制革、农药、电镀等行业专项治理方案，实施清洁化改造。新建、改建、扩建上述行业建设项目实行主要污染物排放等量或减量置换。

集中治理工业集聚区水污染。2017 年底前，工业集聚区应按规定建成污水集中处理设施，并安装自动在线监控装置，京津冀、长三角、珠三角等区域提前一年完成；逾期未完成的，一律暂停审批和核准其增加水污染物排放的建设项目，并依照有关规定撤销其园区资格。

化工废水特别是高盐、高浓度有机废水处理，一直是国内众多环保工作者及管理部门关注的难题。随着我国化学工业的快速发展，各种新型的化工产品被应用到各行各业，特别是医药、化工、电镀、印染等重污染工业中，在提高产品质量、品质的同时也带来日益严重的环境污染问题，主要表现为：废水中有机污染物浓度高、结构稳定、生化性差，常规工艺难以实现达标排放，且处理成本高，给企业节能减排带来极大的压力。

化工废水的处理技术针对性强，方法多样。主要采用隔油、气浮、混凝、沉淀、重力过滤和膜过滤、活性炭吸附、臭氧氧化、离子交换、电解、电渗析、反渗透等，另外，在化工废水治理中也常常用到水解酸化、接触氧化、表面曝气、纯氧曝气、厌氧和好氧活性污泥法等生化技术。现代化工废水处理技术，习惯上按作用原理，可分为物理法、化学法、物理化学法和生物法四大类。化工废水中的污染物质是多种多样的，不能设想只用一种处理方法，就能把所有污染物质去除殆尽。一种废水往往要采用多种方法组合成的处理工艺系统，才能达到预期要求的处理效果。

第二节　化工废水处理方法

一、物理处理法

废水物理处理法是通过物理作用分离和去除废水中不溶解的呈悬浮状态的污染物（包括油膜、油珠）的方法。处理过程中，污染物的化学性质不发生变化。化工废水常用的物理处理方法有重力沉淀法、过滤法、气浮法等。重力沉淀法是利用水中悬浮颗粒的可沉淀性能，在重力场的作用下自然沉降，以达到固液分离的一种过程，是最常用、最基本的废水物理处理法，应用历史较久；过滤法是以孔粒状粒料层截留水中杂质，主要是降低水中的悬浮物，在化工废水的过滤处理中，常用板框过滤机和微孔过滤机，微孔管由聚乙烯制成，孔径大小可以进行调节，调换较方便；气浮法是通过吸附微小气泡附裹携带悬浮颗粒而带出水面的方法，常用气浮法有布气气浮法、电解气浮法、生物及化学气浮法、溶气气浮法。

重力沉淀法、过滤法、气浮法这三种物理方法工艺简单，管理方便，但不能适用于可溶性废水成分的去除，具有很大的局限性。此外，近年来，国内外学者提出通过磁分离、声波、高压脉冲放电等技术氧化分解有机污染物的方法。

二、化学处理法

废水化学处理法是通过化学反应和传质作用来分离、去除废水中呈溶解、胶体状态的污染物或将其转化为无害物质的废水处理法。以投加药剂产生化学反应为基础的处理单元有混凝、中和、氧化还原等；以传质作用为基础的处理单元有萃取、汽提、吹脱、吸附、离子交换以及电渗析和反渗透等。废水化学处理法主要有废水电解处理法、废水化学混凝沉淀处理法、废水混凝处理法、废水氧化处理法等。与生物处理法相比，化学处理法能较迅速、有效地去除更多的污染物，可作为生物处理后的三级处理措施。此法还具有设备容易操作、容易实现自动检测和控制、便于回收利用等优点。化学处理法能有效地去除废水中多种剧毒和高毒污染物。

（一）电解处理法

废水电解处理法是废水化学处理法之一，是应用电解的基本原理，使废水中有害物质通过电解转化成为无害物质以实现净化的方法。废水电解处理包括电极表面电化学作用、间接氧化和间接还原、电浮选和电絮凝等过程，分别以不同的作用去除废水中的污染物。以含氰废水为例，在阳极表面的电化学氧化过程为：

$$CN^- + OH^- - e \longrightarrow CNO^- + H_2O_2$$
$$CNO^- + OH^- - e \longrightarrow CO_2 \uparrow + N_2 \uparrow + H_2O$$

电解处理法的主要优点为：

① 使用低压直流电源，不必大量耗费化学药剂。

② 在常温常压下操作，管理简便。

③ 如废水中污染物浓度发生变化，可以通过调整电压和电流的方法，保证出水水质稳定。

④ 处理装置占地面积不大。

但在处理大量废水时电耗和电极金属的消耗量较大，分离的沉淀物不易处理利用，主要用于含铬废水和含氰废水的处理。

（二）化学混凝沉淀法

高浓度有机化工废水的 COD 值很高，混凝沉淀一般作为处理流程的前处理或后处理单元，除去悬浮物，为后续的处理单元降低负荷。混凝剂主要分为无机混凝剂、有机絮凝剂。化学混凝的主要对象是水中微小悬浮物和胶体物质，通过投加化学药剂产生的凝聚和絮凝作用，使胶体脱稳形成沉淀而去除。混凝法不但可以去除废水中的粒径为 $1 \sim 10mm$ 的细小悬浮颗粒，而且还能去除色度、微生物以及有机物等。该方法受 pH 值、水温、水质、水量等变化的影响大，对某些可溶性好的有机、无机物质去除率低。用水玻璃对自制的聚合硫酸铁进行改性处理制得聚硅硫酸铁混凝剂（PFSS），应用于油田含油废水的混凝处理时，在降低颗粒悬浮物（SS）方面优于聚合氯化铝和聚合三氯化铝铁。

（三）化学氧化法

化学氧化法通常是以氧化剂对化工废水中的有机污染物进行氧化去除的方法。废水经过化学氧化还原，可使废水中所含的有机和无机的有毒物质转变成无毒或毒性较小的物质，从而达到废水净化的目的。化学氧化处理法几乎可处理一切化工废水，特别适用于处理废水中难以被生物降解的有机物，如绝大部分农药和杀虫剂，酚、氰化物以及引起色度、臭味的物质等。

1. 臭氧氧化法

臭氧氧化法是废水化学处理法之一，是用臭氧作氧化剂对废水进行净化和消毒处理的方法。用此法处理废水所使用的是含低浓度臭氧的空气或氧气。臭氧是一种极不稳定、易分解的强氧化剂，需现场制造，工艺设施主要由臭氧发生器和气水接触设备组成。这种方法主要用于水的消毒，去除水中酚、氰等污染物质，水的脱色，水中铁、锰等金属离子的去除，异味和臭味的去除等。主要优点是反应迅速、流程简单、无二次污染，在环境保护和化工等方面广泛应用。臭氧氧化法水处理效果好，但是能耗大，成本高，不适合处理水量大和浓度相对低的化工废水。

2. 电化学氧化法

电化学氧化法是在电解槽中，废水中的有机污染物在电极上由于发生氧化还原反应而去除。废水中污染物除了在电解槽的阳极失去电子被氧化外，水中的 Cl^-、OH^- 等也可在阳极放电而生成 Cl_2 和氧而间接地氧化破坏污染物。实际上，为了强化阳极的氧化作用，减少电解槽的内阻，往往在废水电解槽中加一些氯化钠，进行所谓的电氯化，NaCl 投加后在阳极可生成氯和次氯酸根，对水中的无机物和有机物也有较强的氧化作用。近年来在电氧化和电还原方面发现了一些新型电极材料，取得了一定成效，但仍存在能耗大、成本高及存在副反应等问题。

3. 声化学氧化法

声化学氧化法是利用超声空化效应所带来的高温高压温度（大于 5000K），几乎所有污染物在此条件下均可完全氧化降解。同时，水分子裂解产生羟基自由基，也可以氧化降解污染物。在声化学氧化过程中，由于大多数氧化反应发生在液相主体-气泡界面上，通过往废水中加入盐类如 NaCl 等，可提高废水的离子强度。声化学处理废水是一种新发展起来的废水处理技术，在国内仍处在实验室研究阶段，对一些有毒难降解的有机废水如印染、纺织、造纸等工业的处理有少量研究。该技术能量利用率低，存在着处理量小、费用高等问题。为此，一些学者相继开发了几种超声波与其他水处理方法耦合的新工艺，如超声/臭氧、超声/过氧化氢等，取得了较好的效果。

4. 湿法氧化法

湿法氧化法（WO）是在高温高压下，在水溶液中有机物发生氧化反应的处理技术。利用催化剂，用空气中的氧气和纯氧为氧化剂，可以在较低的温度和压力下，使有机物氧化。湿法氧化法作为高浓度难降解有机废水的处理技术在国外已有应用，国内有湿法氧化法处理染料和有机磷废水的实验室研究，但是还没有达到实际工业应用阶段。随着催化湿法氧化水处理技术研究的发展和日益严峻的难降解有机废水处理的需求，该技术的应用研究已经受到人们的重视，并被认为是处理化工难降解废水中应优先考虑发展的技术领域。目前湿法氧化技术的研究重点应是：温和反应条件下（温度 106℃ 以下，压力 0.6MPa 以下），用于高浓度（5000mg/L 以上）难降解有机废水的预处理；研究适合于湿法氧化的非贵金属催化剂、选择优化的反应条件和反应器材料的腐蚀问题等。

5. 超临界水氧化法（SCWO）

超临界水氧化废水处理技术是在湿法氧化基础上发展的一种有毒有机固废物和工业废水的高级氧化技术，在水临界点（22.1MPa、374℃）以上，在极短时间内将各种有机物完全氧化为二氧化碳和水，不产生二次污染，被称为生态水处理技术。当废水中的有机物浓度在 2% 以上时，利用有机物氧化反应产生的热量维持系统的反应温度，基本不需要外界供热。美国国家关键技术六大领域之一 "能源与环境" 中指出，超临界水氧化法是最有前途的难降解有机废水处理技术。目前美国、日本等国家已经进入中试或工业化试验阶段。

在国外超临界水氧化法已经成功地用于各类有机废水的处理。据文献介绍，酚类、甲醇、乙酸、吡啶、酚醛树脂、聚苯乙烯、多氯联苯、二噁英、卤代芳香族化合物、卤代脂肪族化合物、滴滴涕、化学武器 BZ、沙林神经毒剂等化学品，都可用超临界水氧化处理成为 CO_2、H_2O 和其他无毒的简单小分子物质。与其他处理技术相比，超临界水氧化技术具有效率高、处理彻底、反应速率快、停留时间短、适用范围广等优点，但要达到水的临界状态，需要高温、高压，对反应器材质要求严格，功耗大，因而使其推广应用受到一定程度的限制。为了加快反应速率，减少反应时间，降低反应温度、压力，将催化剂引入 SCWO，催化超临界水氧化法处理废水成为 SCWO 的一个重要研究方向。

6. 微电解法

微电解法将铁屑与颗粒炭浸没在电解液中，发生氧化还原反应形成原电池，铁作为阳极被腐蚀，炭作为阴极。电极反应所产生的新生态［H］和 Fe^{2+} 有很高的化学活性，能与废水中的许多有机物发生氧化还原作用，改变有机物的结构和特性，使其发生断链、开环等作用。同时 Fe^{2+} 经中和及曝气后则可生成优良的胶体絮凝剂 $Fe(OH)_2$、$Fe(OH)_3$ 及其水合物，进一步吸附有机污染物，提高处理效果。马业英等研究了磁性铸铁粉处理含铬电镀废水，取得了极佳的净化效果。磁性铸铁粉主要强化了铸铁粉表面的微电池作用，同时也加速了铁粉表面和溶液中的氧化还原速度，也能加速絮体的沉降过程。粉煤灰、焦炭灰、烟道灰等也用于微电解反应中，替代活性炭，减少投资，降低运行费用。

三、物理化学处理技术

常用于化工废水处理的物理化学法有：离子交换法、萃取法、膜分离法和吸附法等。废水中经常含有某些细小的悬浮物、溶解静态有机物，为了进一步去除残存在水中的污染物，可以采用物理化学方法进行处理。

（一）萃取法

萃取法是利用与水互不相溶、但对污染物的溶解能力较强的溶剂，将其与废水充分混合接触，大部分的污染物便转移至溶剂相，分离废水和溶剂，使废水得到了净化。分离溶剂与污染物，不但使溶剂可以循环利用，还可以使废物中的有用物质回收，变废为宝。但是目前萃取法仅适用于少数几种有机废水，萃取效果及费用主要取决于所使用的萃取剂，由于萃取剂在水中还有一定的溶解度，处理时难免有少量溶剂流失，使处理后的水质难以达到排放标准，还需结合其他方法作进一步的处理。

（二）膜分离法

膜分离水处理技术近年来在废水处理中发展很快，超滤、反渗透和电渗析等方法已在多个领域中应用。电渗析是在渗析法的基础上发展起来的一项废水处理工艺，它是在直流电场的作用下，利用阴、阳离子交换膜对溶液中阴、阳离子的选择透过性，而使溶液中的溶质与水分离的一种物理化学过程。反渗透是利用半渗透膜进行分子过滤来处理废水的一种方法。膜分离法因其可常温操作、能耗低、占地少和操作方便等优点，已逐渐应用在高浓度有机化工废水的处理中。王振余采用无机膜-碳膜对甲基紫、蒽醌蓝、蒽醌艳蓝色基、直接大红、直接翠蓝 G 等染料，在浓度为 12.5mg/L、25.0mg/L、50mg/L，压差 0.3MPa 下进行了反渗透研究，碳膜对染料的截留率为 95%～99%，水渗透率介于 65～200L/($m^2 \cdot h \cdot MPa$)。

（三）吸附法

吸附法是利用多孔性固体物质作为吸附剂，以吸附剂的表面吸附废水中的有机污染物的方法，因此，可以作为废水处理过程中的深度处理方法和对某些特定污染物的去除方法。活性炭是一种非选择性的常用的水处理吸附材料，但是由于活性炭再生性能差，水处理费用高，因而难以广泛使用。天然吸附剂粉煤灰具有一定的吸附性能，利用它处理含铬、氟、磷、酚等废水有很多研究，达到了以废制废的效果。江河湖海的沉积物，底泥、土壤、泥煤中含有的腐殖质和腐殖酸，具有一定的吸附性能，属于天然的环保材料，同时价格低廉，用于处理电镀厂废水，Cr^{6+}能达到国家排放标准。

四、生物处理技术

随着化学工业的发展，污染物成分日渐复杂，废水中含有大量的有机污染物，如仅采用物理或化学的方法是很难达到治理的要求的。利用微生物的新陈代谢作用，可对废水中的有机污染物质进行转化与稳定，使其无害化。生化处理方法主要分为好氧处理和厌氧处理两大类型，好氧处理方法主要分为活性污泥法和生物膜法。活性污泥法是利用悬浮生长的微生物絮体处理废水的方法，这种微生物絮体称为活性污泥，它由好氧微生物及其代谢的和吸附的有机物、无机物组成，具有降解废水中有机污染物的能力。生物膜是通过废水同生物膜接触，生物膜吸附和氧化废水中的有机物。废水的厌氧生物处理是指在无分子氧的条件下通过厌氧微生物（或兼氧微生物）的作用，将废水中的有机物分解转化为甲烷和二氧化碳的过程，所以又称厌氧消化。厌氧生物处理实际上是一个复杂的生物化学过程。研究表明，厌氧过程主要依靠三大主要类群的细菌，即水解产酸细菌、产氢产乙酸细菌和产甲烷细菌的联合作用完成。但当废水含有毒物质或生物难降解的有机物时，生物法的处理效果欠佳，甚至不能处理。针对这类废水，人们对生物法作了一些改进，使其能应用于这类废水的处理，包括通过改善外界环境因素提高现有工艺对有毒难降解有机物的生物降解效率或者延长水力停留时间、增加泥龄、提高微生物有效浓度、增加污染物与微生物的接触时间等方法优化处理工艺。总之，用生化法处理废水具有运行成本低、操作管理简单等优点，但由于微生物对 pH值、营养物质、温度等条件有一定要求，难以适应化工废水水质变化大、成分复杂、毒性高、难降解的特点，单纯用生化法治理化工废水达标工作难度大。

第十一章 化工废气处理技术

大气污染通常是指由于人类活动和自然过程引起某种物质进入大气中，呈现出足够的浓度，达到了足够的时间，并因此而影响人体健康、危害环境的现象。大气污染物可以通过各种途径降到水体、土壤和作物中影响环境，并通过呼吸、皮肤接触、食物、饮用水等进入人体，对人体健康和生态环境造成近期或远期的危害。

废气是指人类在生产和生活过程中排出的有毒有害的气体。排放的废气气味大，严重污染环境和影响人体健康。

第一节 化工废气及其处理原则

一、化工废气分类

（1）按所含的污染物性质

第一类为含无机污染物的化工废气，主要来自氮肥、磷肥、无机盐行业，产生氮氧化物、二氧化硫、甲烷、氟化物、盐酸、一氧化碳等；第二类为含有有机污染物的废气，主要来自有机原料及合成材料、农药、染料、涂料等行业，产生有机气体如醇类、醛类、烃类等；第三类为既含无机污染物又含有机污染物的废气，主要来自氯碱、炼焦等行业。

（2）按污染物的状态

按污染物的状态分可分为颗粒污染物和气态污染物。颗粒污染物一般指悬浮在空气当中的固体或液体物质，通常称为微粒物或颗粒物。气态污染物主要有如下分类：

① 以 SO_2 为主的含硫化合物。如硫化氢、二氧化硫、三氧化硫、硫酸、亚硫酸盐和有机硫气溶胶等。

② 以 NO 和 NO_2 为主的含氮化合物。

③ 碳的氧化物。主要是 CO 和 CO_2，如"温室效应"。

④ 碳氢化合物。统称烃类，它们是形成危害人类健康的光化学烟雾的主要成分。

⑤ 含卤素的化合物。通常主要指氟化氢（HF）和氯化氢（HCl），它们可以破坏臭氧层，导致人们患皮肤病及致癌。

二、化工废气的特点

化工废气对大气的污染有如下的特点：

① 易燃、易爆气体较多。氢、一氧化碳及酮、醛等有机可燃物，当排放量大时，就可能造成火灾、爆炸事故。

② 含有毒或腐蚀性气体。如二氧化硫、氮氧化合物、氯气、氯化氢及多种有机物，其中二氧化硫和氮氧化物的排放量最大。这些气体会直接损害人体健康，腐蚀设备、建筑物的表面，还会形成酸雨污染地表和水域。

③ 浮游粒子种类多，危害大。如粉尘、烟雾、酸雾等。

三、主要废气污染物及其危害

（一）碳氧化物

一氧化碳：一种无色、无臭、无味的气体，当人们吸入 CO 时，它与血红蛋白结合。CO 是城市大气中数量最多的污染物，碳氢化合物燃烧不完全是 CO 的主要来源，如汽车排放尾气。其主要危害在于能参与光化学烟雾的形成，以及造成全球的环境问题。

二氧化碳：含碳物质完全燃烧的产物，也是动物呼吸排出的废气。它本身无毒，对人体无害，但其含量 $>8\%$ 时会令人窒息。近年来研究发现，现代大气中的 CO_2 浓度不断上升引起地球气候变化，这个变化称为"温室效应"。所以联合国环境决策署决议将 CO_2 列为危害全球的 6 种化学品之一。

防治措施：目前对 CO 的局部排放源的控制措施主要集中在汽车方面。如使用排气的催化反应器，加入过量空气使 CO 氧化成 CO_2。

（二）硫的氧化物

硫的氧化物主要有 SO_2 和 SO_3，以 SO_2 为例，SO_2 具有强烈的刺激性气味，它能刺激眼睛，损伤呼吸器官，引起呼吸道疾病。特别是 SO_2 与大气中的尘粒、水分形成气溶胶颗粒时，这三者的协同作用对人的危害更大，这种污染称为伦敦型烟雾或叫硫酸烟雾。SO_2 的腐蚀性很大，能导致皮革强度降低，建筑材料变色，塑像及艺术品毁坏。在与植物接触时，会杀死叶组织，引起叶子脱色变黄，农作物产量下降。另外，SO_2 在大气中含量过高是形成酸雨污染的重要因素。

防治措施：大气中的 SO_2 主要通过降水清除或氧化成硫酸盐微粒后再干沉降或雨除。除此之外，土壤的微生物降解、化学反应、植被和水体的表面吸收等都是去除 SO_2 的途径。

（三）氮氧化合物（NO_x）

氮氧化合物主要来源于矿物燃料的燃烧过程（包括汽车及一切内燃机的排放）、生产硝酸工厂排放的尾气。氮氧化合物浓度高的气体呈棕黄色，从工厂烟囱排出来的氮氧化合物气体称为黄龙。

氮氧化合物的影响：

① 对人类的影响。当空气中的 NO_2 含量达 $150mL/m^3$ 时，对人的呼吸器官有强烈的刺激作用，$3\sim8h$ 会发生肺水肿，可能引起致命的危险。

② 对森林和作物生长的影响。NO_x 通过叶表面的气孔进入植物活体组织后，干扰了酶的作用，阻碍了各种代谢机能；有毒物质在植物内还会进一步分解或参与合成过程，产生新

的有害物质，侵害机体内的细胞和组织，使其坏死。

③ 对全球气候的影响。氮氧化合物和二氧化碳引起"温室效应"，使地球气温上升 1.5～4.5℃，造成全球性气候反常。

（四）碳氢化合物

碳氢化合物主要排放源：汽油燃烧（38.5％）、焚烧（28.3％）、溶剂蒸发（11.3％）、石油蒸发和运输消耗（8.8％）、提炼废物（7.1％）。美国排放碳氢化合物占总产量的比例高达 34％，其中半数以上来自交通运输。汽车排放的有机化合物主要有两类：烃类（甲烷、乙烯、乙炔、丙烯、丁烷，少量的芳烃，微量的易致癌的多环芳烃等）和醛类（甲醛、乙醛、丙醛、丙烯醛和苯甲醛等）。

碳氢化合物的危害：一般碳氢化合物对人的毒性不大，主要是醛类物质具有刺激性。对大气的最大影响是碳氢化合物在空气中反应形成危害较大的二次污染物，如光化学烟雾。

碳氢化合物的防治措施：碳氢化合物从大气中去除的途径主要有土壤微生物活动，植被的化学反应、吸收和消化，对流层和平流层化学反应，以及向颗粒物转化等。

（五）粒状污染物（如烟、尘、雾等）

粒状污染物的来源主要有火山爆发的烟气、岩石风化的灰尘、宇宙降尘、海浪飞逸的盐粒、各种微生物、细菌、植物的花粉等，约占大气颗粒物总量的 89％。由燃料燃烧、开矿、选矿或固体物质的粉碎加工（磨面粉、制水泥等）、火药爆炸、农药喷洒等人工排放约占颗粒物总量的 11％。人为排放集中在人类活动的场所如厂矿、城市等，它增加了人类周围环境的大气负担。

四、化工废气处理原则

化工废气处理是按照空气污染物所存在的状态来处理的。若为颗粒污染物，则采用除尘技术处理，利用其质量大的特点，通过外力的作用将其分离出来，通常称为除尘；若为气态污染物，则根据污染物的物理性质和化学性质，通过冷凝、吸收、吸附、燃烧、催化转化等方法进行处理。

第二节　除尘技术

除尘通俗地讲就是：含尘气体中去除颗粒物的过程，其实质是固气相混合物分离问题，也就是气溶胶非均相混合物的分离，即从气溶胶中除去有害无用的固体或液体颗粒物的技术称为除尘技术。除尘装置由集尘罩、管道、除尘器、风机、排气筒以及系统辅助装置组成。

进入大气的固体粒子和液体粒子均属于颗粒污染物。化学工业排放出废气中的颗粒污染物主要为硅、铁、镍、钙、钒等的氧化物及其他粒度在 $200\mu m$ 以下的浮游物质，这些物质都会污染周围的环境。

一、粉尘的性质

粉尘的物理性质，对于确定采用的除尘方法有重要影响。粉尘性质中最重要的是粉尘颗粒尺寸和密度，此外还有电阻率、附着性、粒子形状、亲水性、腐蚀性、毒性和爆炸性。

① 粉尘颗粒尺寸大小。粉尘经常是由大小不同的粒子所组成的，为了表示出其中各种

粒径粒子的多少，通常以各种粒子在全部粒子中的分级分率来说明。

② 尘粒密度。尘粒的密度对于重力除尘及离心除尘等装置的性能有很大影响。

③ 尘粒的电阻率。尘粒的电阻率对电除尘和过滤除尘装置的去除效率有很大影响。

二、除尘装置的技术性能指标

（1）粉尘的浓度表示

① 个数浓度：单位体积气体所含粉尘的个数，单位为个/cm³。

② 质量浓度：标准状态下单位体积气体所含悬浮粉尘的质量，单位为 g/m³。

（2）粉尘装置的处理量

该项指标表示的是除尘装置在单位时间内所能处理烟气量的大小，是表明装置处理能力大小的参数，单位为 m³/h、m³/s。

（3）粉尘装置的效率

① 除尘装置的总效率。在同一时间内，由除尘装置整体除下的粉尘量与进入装置的粉尘量的百分比。

② 除尘装置的分级效率。装置对粒径为 d，粒径宽度为 Δd 的烟尘除尘效率。

（4）粉尘装置的压力损失

压力损失是表示除尘装置消耗能量大小的指标，也称压力降。压力损失的大小用除尘装置进出口处气流的全压差来表示。

三、除尘装置的类型

① 按是否使用水或其他液体可分为湿式除尘器、干式除尘器。

② 按效率的高低分为高效除尘器、中效除尘器和低效除尘器。

③ 按除尘机制分为机械式除尘器、过滤式除尘器、湿式（洗涤式）除尘器、静电除尘器（表 11-1）。

表 11-1　除尘装置分类

类　　别	除尘设备形式	除尘效率/%	设备费用	运行费用
机械式除尘器	重力除尘器	40～60	少	少
	惯性除尘器	50～70	少	少
	离心除尘器	70～92	少	中
	旋风除尘器	80～95	中	中
湿式（洗涤式）除尘器	喷淋（雾）洗涤器	75～95	中	中
	文丘里洗涤器	90～99.5	少	高
	自激式洗涤器	85～99	中	较高
	（旋风）水膜洗涤器	85～99	中	较高
静电除尘器	干式静电除尘器	80～99.9	高	少
	湿式静电除尘器	80～99.9	高	少
过滤式除尘器	颗粒层除尘器	85～99	较高	较高
	袋滤式除尘器	80～99.9	较高	较高

四、各类除尘装置的除尘原理

（一）机械式除尘器

机械式除尘器是通过质量力的作用达到除尘目的的除尘装置。质量力包括重力、惯性力和离心力，主要除尘器形式为重力沉降室、惯性除尘器和离心式除尘器等。

（1）重力沉降室的除尘原理

重力沉降室（图 11-1）是利用粉尘与气体的密度不同，使含尘气体中的尘粒依靠自身的重力从气流中自然沉降下来，达到净化目的的一种装置。

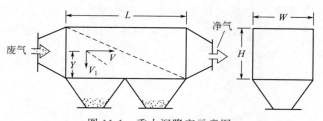

图 11-1　重力沉降室示意图

重力沉降室的优点：结构简单、投资少、使用方便、维护管理容易。适用于颗粒粗、净化密度大、磨损强的粉尘。一般作为多级净化系统的预处理。

（2）惯性除尘器的除尘原理（图 11-2）

利用粉尘与气体在运动中的惯性力不同，使粉尘从气流中分离出来的方法为惯性力除尘，常用方法是使含尘气流冲击在挡板上、气流方向发生急剧改变，气流中的尘粒惯性较大，不能随气流急剧转弯，便从气流中分离出来。

（3）离心式除尘器的工作原理

使含尘气流沿某一定方向作连续的旋转运动，粒子在随气流旋转中获得离心力，使粒子从气流中分离出来的装置为离心式除尘器，也称为旋风除尘器（图 11-3）。

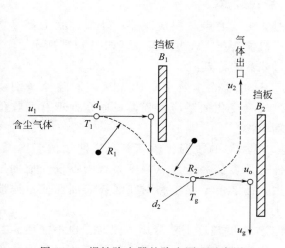

图 11-2　惯性除尘器的除尘原理示意图

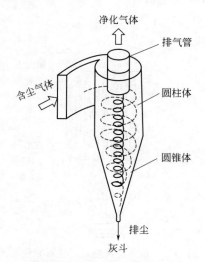

图 11-3　旋风除尘器工作原理示意图

机械式除尘器的特点：

机械式除尘器造价比较低，维护管理方便，耐高温，耐腐蚀，适宜含湿量大的烟气，但对粒径 $5\mu m$ 以下的尘粒去除率较低。当气体含尘浓度高时，这类除尘器可作为初级除尘，以减轻二级除尘的负荷。

重力沉降室适宜尘粒粒径较大（$>50\mu m$）、要求除尘效率较低、场地足够大的情况；惯性除尘器适宜排气量较小、对除尘效率要求较低的场合；旋风除尘器是工业中应用较为广泛的除尘设备之一，通常情况下，旋风除尘器对 $5\mu m$ 以上的尘粒除尘效率最高可达 95% 左右，因此常作为二级除尘系统中的预除尘、气力输送系统中的卸料分离器和 $1\sim20t/h$ 的小型锅炉烟气的处理用。

（二）湿式除尘器

湿式除尘也称为洗涤除尘。该方法是用液体（一般为水）洗涤含尘气体，使尘粒与液膜、液滴或气泡碰撞而被吸附，凝集变大，尘粒随液体排出，气体得到净化。

湿式除尘器的作用机理：

① 惯性碰撞；

② 扩散作用；

③ 凝聚作用；

④ 黏附。

湿式除尘器的特点：结构简单，造价低，除尘效率高，在处理高温、易燃、易爆气体时安全性好，在除尘的同时还可去除气体中的有害物。湿式除尘器的不足是用水量大，易产生腐蚀性液体，产生的废液或泥浆需进行处理，并可能造成二次污染。在寒冷地区和季节，易结冰。

（三）过滤式除尘器

过滤式除尘器是使含尘气体通过多孔滤料，把气体中的尘粒截留下来，使气体得到净化的设备。按滤尘方式有内部过滤与外部过滤之分。

过滤式除尘器效率高，操作方便，适应于含尘浓度低的气体；其缺点是维修费高，不耐高温高湿气流。

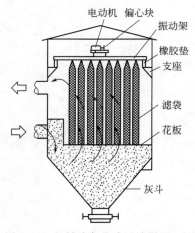

图 11-4　机械清灰袋式过滤器原理图

（四）袋式过滤器

内部过滤主要有颗粒层过滤器；外部过滤主要有袋式过滤器。机械清灰袋式过滤器原理如图 11-4 所示。

袋式过滤器的特点：

① 袋式过滤器除尘效率高达 98%，能除掉微细尘粒，对处理气量变化的适应性强，最适宜处理有回收价值的细小颗粒物。

② 袋式过滤器的投资比较高，允许使用的温度低，操作时气体的温度需高于露点温度，否则不仅会增加过滤器的阻力，甚至由于湿尘黏附在滤袋表面而使过滤器不能正常工作。

③ 当尘粒浓度超过尘粒爆炸下限时，也不能使用袋式过滤器。袋式过滤器广泛应用于各种工业生产的除尘过程。

（五）静电除尘

静电除尘是利用高压电场产生的静电力（库仑力）的作用实现固体粒子或液体粒子与气流分离的方法。含尘气体进入除尘器后，通过以下三个阶段实现尘气分离，主要为粒子荷电、粒子沉降、粒子清除。常用的除尘器有管式与板式两类，由放电极与集成极组成。图 11-5 为单管和平板电除尘器的示意图。

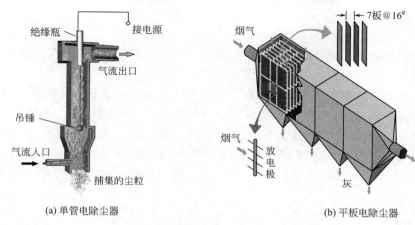

(a) 单管电除尘器　　　　　　　　　(b) 平板电除尘器

图 11-5　单管和平板电除尘器的示意图

电除尘器的特点如下：

电除尘器已被广泛用作各种工业炉窑和火力发电站大型锅炉的除尘设备，能处理高温、高湿烟气。它的除尘效率高，可达 98% 以上，压力损失低，运行费用较低，能满足环保要求的排放浓度；处理风量大，可达每小时数千至一二百万立方米；阻力较低，仅 100～500Pa，且运行能耗低。但电除尘器的结构复杂，初投资大，占地面积大，对操作、运行、维护管理都有较高的要求。

五、除尘装置的选择

除尘装置的整体性能主要是用三个技术指标（处理气体量、压力损失、除尘效率）和三个经济指标（一次投资、运转管理费用，占地面积及使用寿命）来衡量。

除尘装置的性能比较见表 11-2。

表 11-2　除尘装置的性能比较

类　　型	结构形式	处理的粒度/μm	压力降/mmH_2O	除尘效率/%	设备费用	运行费用
重力除尘	沉降式	50～1000	10～15	40～60	小	小
惯性除尘	烟囱式	10～100	30～70	50～70	小	小
离心式除尘	旋风式	3～100	50～150	85～95	中	中
湿式除尘	文丘里式	0.1～100	300～1000	80～95	中	大
过滤式除尘	袋式	0.1～20	100～200	90～99	中以上	中以上
静电除尘		0.05～20	10～20	85～99.9	大	小到大

注：$1mmH_2O=9.80665N$，下同。

第三节　气态污染的一般处理技术

工农业生产、交通运输和人类生活活动中所排放的有害气态物质种类繁多，依据这些物质不同的化学性质和物理性质，需采用不同的技术方法进行治理：吸收法、吸附法、催化转化法、燃烧法、冷凝法。

一、吸收法

吸收法：采用适当的液体作为吸收剂，使含有有害物质的废气与吸收剂接触，废气中的有害物质被吸收于吸收剂中，使气体得到净化。

吸收法主要分为物理吸收和化学吸收。在处理气量大、有害组分浓度低的各种废气时，化学吸收效果比单纯的物理吸收的效果好，所以多采用化学吸收法。

吸收法特点：设备简单、捕集效率高、应用范围广、一次性投资低等。但由于吸收是将气体中的有害物质转移到了液体中，因此对吸收液必须进行处理，否则容易引起二次污染。由于吸收温度越低效果越好，因此在处理高温烟气时，必须对排气进行降温预处理。

二、吸附法

吸附法：使废气与大表面、多孔性固体物质相接触，将废气中的有害组分吸附在固体表面上，使其与气体混合物分离，达到净化目的。

吸附法治理气态污染物包括吸附及吸附剂再生的全过程。

吸附法特点：净化效率高，特别是对低浓度气体具有很强的净化能力。吸附法特别适用于排放标准要求严格或有害物浓度低，用其他方法达不到净化要求的气体净化。因此，常作为深度净化手段或联合应用几种净化方法时的最终控制手段。由于一般吸附剂的吸附容量有限，对高浓度废气的净化，不宜采用吸附法。

三、催化转化法

催化转化法：利用催化剂的催化作用，使废气中的有害组分发生化学反应并转化为无害物或易于去除物质的一种方法。

催化转化法特点：净化效率较高，净化效率受废气中污染物浓度影响较小，而且在治理过程中，无须将污染物与主气流分离，可直接将主气流中的有害物转化为无害物，避免了二次污染。但是价格较贵，操作要求较高，废气中有害物质很难作为有用物质进行回收。

四、燃烧法

燃烧法：对含有可燃有害组分的混合气体进行氧化燃烧或高温分解，从而使这些有害组分转化为无害物质的方法。

燃烧法分类：

① 直接燃烧。把废气中的可燃有害组分当作燃料直接烧掉，只适合用于净化含可燃组分浓度高或有害组分燃烧时热值较高的废气（>1100℃）。

② 热力燃烧。利用辅助燃料燃烧放出的热量将混合气体加热到要求的温度，使可燃的有害物质进行高温分解变为无害物质（760～820℃）。

③ 催化燃烧。在催化剂的作用下，使有害物质在较低温度下燃烧（200～400℃）。

燃烧法特点：燃烧法工艺比较简单，操作方便，可回收燃烧后的热量；但不能回收有用物质，并容易造成二次污染。

五、冷凝法

冷凝法：采用降低废气温度或提高废气压力的方法，使一些易于凝结的有害气体或蒸气态的污染物冷凝成液体并从废气中分离出来的方法。

冷凝法特点：设备简单，操作方便，并可回收到纯度较高的产物。只适用于处理高浓度的有机废气，常用作吸附、燃烧等方法净化高浓度废气的前处理，以减轻这些方法的负荷。

第四节　二氧化硫废气处理技术

一、湿法脱除 SO₂ 技术

（一）亚硫酸钾（钠）吸收法（WL 法）

以亚硫酸钾或亚硫酸钠为吸收剂，SO₂ 的脱除率达 90％以上。吸收母液经冷却、结晶、分离出亚硫酸钾（钠），再用蒸汽将其加热分解生成亚硫酸钾（钠）和 SO₂。亚硫酸钾（钠）可以循环使用，SO₂ 回收去制硫酸。

WL-K（钾）法的反应为：

$$K_2SO_3 + SO_2 + H_2O \longrightarrow KHSO_3 \quad （吸收过程产物）$$

WL-Na（钠）法的反应为：

$$Na_2SO_3 + SO_2 + H_2O \longrightarrow NaHSO_3 \quad （吸收过程产物）$$

图 11-6 和图 11-7 分别为 WL-K（钾）法及 WL-Na（钠）法流程图。

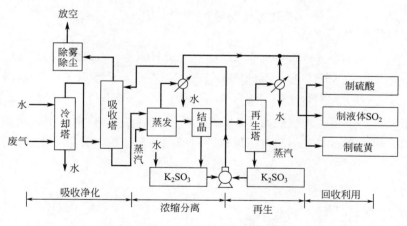

图 11-6　WL-K（钾）法流程图

WL 法的优点：吸收液可循环使用，吸收剂损失少；吸收液对 SO₂ 的吸收能力好，液体循环量少，泵的容量少；副产品 SO₂ 的纯度高；操作负荷范围大，可以连续运转；基建投资和操作费用较低，可实现自动化操作。

WL 法的缺点：必须将吸收液中可能含有的 Na₂SO₄ 去除掉，否则会影响吸收速率；另外吸收过程中会有结晶析出而造成设备堵塞。

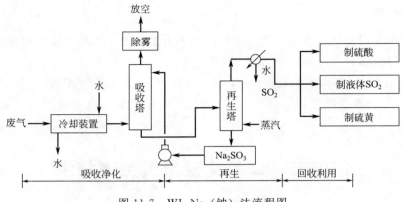

图 11-7　WL-Na（钠）法流程图

（二）碱液吸收法

采用苛性钠溶液、纯碱溶液或石灰浆液作为吸收剂，吸收 SO_2 后制得亚硫酸钠或亚硫酸钙。

以苛性钠溶液作吸收剂（吴羽法），反应过程为：

$$NaOH + SO_2 \longrightarrow Na_2SO_3 + H_2O$$
$$Na_2SO_3 + SO_2 + H_2O \longrightarrow NaHSO_3$$
$$NaHSO_3 + NaOH \longrightarrow Na_2SO_3 + H_2O$$

用纯碱溶液作为吸收剂（钠碱双碱法）：

$$Na_2CO_3 + SO_2 + H_2O \longrightarrow NaHCO_3 + Na_2SO_3$$
$$NaHCO_3 + SO_2 \longrightarrow Na_2SO_3 + CO_2 + H_2O$$
$$Na_2SO_3 + SO_2 + H_2O \longrightarrow NaHSO_3$$

再生过程的反应为：

$$NaHSO_3 + CaCO_3 + H_2O \longrightarrow NaHCO_3 + CaSO_3 \cdot 1/2H_2O \downarrow$$
$$NaHSO_3 + Ca(OH)_2 \longrightarrow Na_2SO_3 + CaSO_3 \cdot 1/2H_2O \downarrow + H_2O$$
$$CaSO_3 \cdot 1/2H_2O + O_2 + H_2O \longrightarrow CaSO_4 \cdot 2H_2O$$

另一种双碱法是采用碱式硫酸铝 $[Al_2(SO_4)_3 \cdot x Al_2O_3]$ 作吸收剂，吸收 SO_2 后再氧化硫酸铝，然后用石灰石与之中和再生出碱性硫酸铝循环使用，并得到副产品石膏。其反应过程是：

吸收反应：

$$Al_2(SO_4)_3 \cdot Al_2O_3 + SO_2 \longrightarrow Al_2(SO_4)_3 \cdot Al_2(SO_3)_3$$

氧化反应：

$$Al_2(SO_4)_3 \cdot Al_2(SO_3)_3 + O_2 \longrightarrow Al_2(SO_4)_3$$

中和反应：

$$Al_2(SO_4)_3 + CaCO_3 + H_2O \longrightarrow Al_2(SO_4)_3 \cdot Al_2O_3 + CaSO_4 \cdot 2H_2O + CO_2 \uparrow$$

吴羽法脱硫流程如图 11-8 所示。

钠碱双碱法工艺流程见图 11-9。

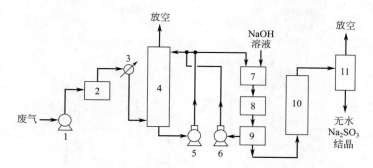

图 11-8　吴羽法脱硫流程

1—风机；2—除尘器；3—冷却塔；4—吸收塔；5,6—泵；7—中和结晶槽；8—浓缩器；

9—分离机；10—干燥塔；11—旋风式分离器

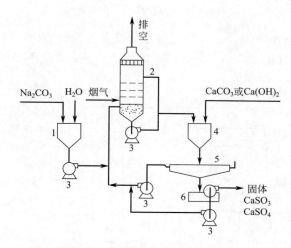

图 11-9　钠碱双碱法工艺流程

1—配碱槽；2—洗涤器；3—液泵；4—再生槽；5—增稠器；6—过滤器

（三）氨液吸收法

氨液吸收法是以氨水或液态氨作吸收剂，吸收 SO_2 后生成亚硫酸铵和亚硫酸氢铵。

氨液吸收法反应如下：

$$NH_3 + H_2O + SO_2 \longrightarrow NH_4HSO_3$$
$$NH_3 + H_2O + SO_2 \longrightarrow (NH_4)_2SO_3$$
$$(NH_4)_2SO_3 + H_2O + SO_2 \longrightarrow NH_4HSO_3$$

当 NH_4HSO_3 比例增大，吸收能力降低时，须补充氨将亚硫酸氢铵转化为亚硫酸铵，即进行吸收液的再生：

$$NH_3 + NH_4HSO_3 \longrightarrow (NH_4)_2SO_3$$

此外还需引出一部分吸收液，可以采用氨-硫酸铵法和氨-亚硫酸铵法等方法进行回收硫酸铵或亚硫酸铵等副产品。

① 氨-硫酸铵法（图 11-10）。将吸收液通过过量的硫酸进行分解，再用氨进行中和以获得硫酸铵，同时制得 SO_2 气体。其反应如下：

$$(NH_4)_2SO_3+H_2SO_4 \longrightarrow (NH_4)_2SO_4+SO_2+H_2O$$
$$NH_4HSO_3+H_2SO_4 \longrightarrow (NH_4)_2SO_4+SO_2+H_2O$$
$$H_2SO_4+NH_3 \longrightarrow (NH_4)_2SO_4$$

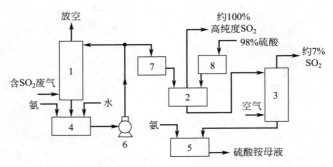

图 11-10　氨-硫酸铵法脱硫流程图

1—吸收塔；2—混合器；3—分解塔；4—循环槽；5—中和器；6—泵；7—母液；8—硫酸

② 氨-亚硫酸铵法（图 11-11）。此法是将吸收液引入混合器内，加入氨中和，将亚硫酸氢铵转化为亚硫酸铵，直接去结晶，分离出亚硫酸铵产品。此法不必使用硫酸，投资少，设备简单。

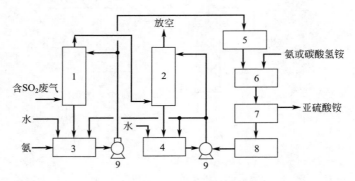

图 11-11　氨-亚硫酸铵法脱硫流程图

1—第一吸收塔；2—第二吸收塔；3,4—循环槽；5—高位槽；6—中和器；
7—离心机；8—吸收液储槽；9—吸收液泵

二、干法脱除 SO_2 技术

（一）液相催化氧化吸收法（千代田法）

液相催化氧化吸收法是以含 Fe^{3+} 催化剂的浓度为 $2\%\sim3\%$ 稀硫酸溶液作吸收剂，直接将 SO_2 氧化成硫酸。吸收液一部分回吸收塔循环使用，另一部分与石灰石反应生成石膏。故此法也称稀硫酸-石膏法，工艺流程如图 11-12 所示。其反应如下：

$$SO_2+O_2+H_2O \longrightarrow H_2SO_4$$
$$H_2SO_4+CaCO_3+H_2O \longrightarrow CaSO_4 \cdot 2H_2O\downarrow +CO_2\uparrow$$

稀硫酸-石膏法优点：简单，操作容易，不需特殊设备和控制仪表，能适应操作条件的变化，脱硫率可达 98%，投资和运转费用较低。

稀硫酸-石膏法缺点：稀硫酸腐蚀性较强，必须采用合适的防腐材料。同时，所得稀硫酸浓度过低，不便于运输和使用。

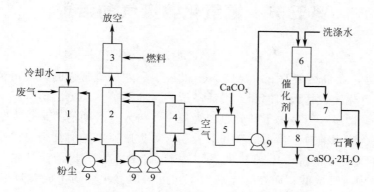

图 11-12　稀硫酸-石膏法脱硫工艺流程图

1—冷却塔；2—吸收塔；3—加热塔；4—氧化塔；5—结晶塔；6—离心机；

7—输送机；8—吸收液储槽；9—泵

（二）金属氧化物吸收法

金属氧化物吸收法是用 MgO、ZnO、MnO_2、CuO 等金属氧化物的碱性水化物浆液作为吸水剂。吸收 SO_2 后的溶液中含有亚硫酸盐、亚硫酸氢盐和氧化产物硫酸盐，它们在较高温度下分解并再生出浓度较高的 SO_2 气体。现以 MgO 为例进行介绍，称作氧化镁法。

吸收过程反应如下：

$$MgO + H_2O \longrightarrow Mg(OH)_2$$
$$Mg(OH)_2 + SO_2 + H_2O \longrightarrow MgSO_3 \cdot 6H_2O$$
$$MgSO_3 + H_2O + SO_2 \longrightarrow Mg(HSO_3)_2 + H_2O$$
$$Mg(HSO_3)_2 + Mg(OH)_2 + H_2O \longrightarrow MgSO_3 \cdot 6H_2O$$

（三）海水吸收法

海水吸收法是近年来发展起来的一项新技术，它利用海水中和烟气中的 SO_2，经反应生成可溶性的硫酸盐排回大海。海水 pH 值为 8.0～8.3，所含碳酸盐对酸性物质有缓冲作用，海水吸收 SO_2 生成的产物是海洋中的天然成分，不会对环境造成严重污染。

海水脱硫的主要反应如下：

$$SO_2 + H_2O + O_2 \longrightarrow SO_4^{2-} + H^+$$
$$HCO_3^- + H^+ \longrightarrow H_2O + CO_2$$

海水脱硫工艺依靠现场的自然碱度，产生的硫酸盐完全溶解后返回大海，无固体生成物；所需设备少，运行简单。但此法只能在海洋地区使用，有一定的局限性。

（四）尿素吸收法

尿素吸收法是用尿素溶液作吸收剂，pH＝5～9，SO_2 的去除率与其在烟气中的浓度无关，吸收液可回收硫酸铵。其反应如下：

$$SO_2 + O_2 + CO(NH_2)_2 + H_2O \longrightarrow (NH_4)_2SO_4 + CO_2$$

此法可同时去除 NO_x，去除率大于 95%。

$$NO + NO_2 + CO(NH_2)_2 \longrightarrow H_2O + CO_2 + N_2$$

尿素吸收 SO_2 工艺由俄罗斯门捷列夫化工大学开发，SO_2 去除率可达 100%。

第五节　氮氧化物废气的治理

氮氧化物是一类化合物的总称，分子式为 NO_x。它包括 N_2O、NO、NO_2、N_2O_3、N_2O_4 及 N_2O_5 等，在自然条件下主要是 NO 和 NO_2，它们是常见的大气污染物。

大气中的氮氧化物包括天然的和人类活动所产生的两种。人类活动所产生的氮氧化合物比天然产生的要少得多，但是由于其分布较为集中，与人类活动的关系较为密切，所以危害较大。如 NO 与血液中的血红蛋白的亲和力较强，可生成亚硝基血红蛋白或亚硝基高铁血红蛋白，使血液输氧能力下降，出现缺氧发绀症状；NO_2 对呼吸器官有强烈的刺激作用；NO_2 在自然环境中可形成酸，而在阳光照射下，可与磷氢化合物生成有致癌作用的光化学烟雾等。

一、水吸收法

NO_2 或 N_2O_4 与水接触，发生以下反应：

$$NO_2（或 N_2O_4）+H_2O \longrightarrow HNO_3+HNO_2$$
$$HNO_2 \longrightarrow H_2O+NO+NO_2（或 1/2N_2O_4）$$
$$NO+O_2 \longrightarrow NO_2（或 N_2O_4）$$

水对氮氧化物的吸收率很低，主要是由一氧化氮被氧化成二氧化氮的速率决定的。当一氧化氮浓度高时，吸收速率有所提高。一般水吸收法的效率为 $30\%\sim50\%$。此法制得浓度为 $5\%\sim10\%$ 的稀硝酸，可用于中和碱性污水，作为废水处理的中和剂，也可用于生产化肥等。另外，此法是在 $588\sim686kPa$ 的高压下操作的，操作费及设备费均较高。

二、稀硝酸吸收法

稀硝酸吸收法是用 30% 左右的稀硝酸作为吸收剂，先在 $20℃$ 和 1.5×10^5Pa 的压力下，NO_x 被稀硝酸物理吸收，生成少量硝酸；然后将吸收液在 $30℃$ 下用空气进行吹脱，吹出 NO_x 后，硝酸被漂白；漂白酸经冷却后再用于吸收 NO_x。稀硝酸吸收法流程示意图如图 11-13 所示。

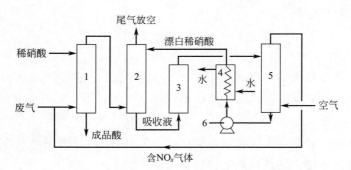

图 11-13　稀硝酸吸收法流程示意图
1—第一吸收塔；2—第二吸收塔；3—加热器；4—冷却塔；5—漂白塔；6—泵

由于氮氧化物在漂白稀硝酸中的溶解度要比在水中的溶解度高，一般采用此法 NO_x 的去除率可达 $80\%\sim90\%$。

三、碱性溶液吸收法

碱性溶液吸收法的原理是利用碱性物质来中和所生成的硝酸和亚硝酸，使之变为硝酸盐和亚硝酸盐。使用的吸收剂主要有氢氧化钠、碳酸钠和石灰乳等。

烧碱作吸收剂：

$$NaOH + NO_2 \longrightarrow NaNO_3 + NaNO_2 + H_2O$$
$$NaOH + NO_2 + NO \longrightarrow NaNO_2 + H_2O$$

该法氮氧化物的脱除率可以达到 $80\% \sim 90\%$。

纯碱作吸收剂：

$$Na_2CO_3 + NO_2 \longrightarrow NaNO_3 + NaNO_2 + CO_2 \uparrow$$
$$Na_2CO_3 + NO_2 + NO \longrightarrow NaNO_2 + CO_2 \uparrow$$

该法氮氧化物的脱除率为 $70\% \sim 80\%$。

氨水作吸收剂：

$$NO_2 + NH_3 \longrightarrow NH_4NO_3 + N_2 + H_2O$$
$$NO + O_2 + NH_3 \longrightarrow NH_4NO_3 + N_2 + H_2O$$

该法氮氧化物的脱除率可达 90%。

四、还原吸收法

还原吸收法是利用氯的氧化能力与氨的中和还原能力治理氮氧化物，称氯-氨法，其反应式为：

$$NO + Cl_2 \longrightarrow NOCl$$
$$NOCl + 2NH_3 \longrightarrow NH_4Cl + N_2 \uparrow + H_2O$$
$$NO_2 + NH_3 \longrightarrow NH_4NO_3 + N_2 \uparrow + H_2O$$

此种方法 NO_x 的去除率比较高，可达 $80\% \sim 90\%$，产生的 N_2 对环境也不存在污染问题。但是，由于同时还有氯化铵及硝酸铵产生，呈白色烟雾，需要进行电除尘分离，使本方法的推广使用受到限制。

五、氧化吸收法

氧化吸收法是用氧化剂先将 NO 氧化成 NO_2，然后再用吸收液加以吸收。例如日本的 NE 法是采用碱性高锰酸钾溶液作为吸收剂。其反应是：

$$KMnO_4 + NO \longrightarrow KNO_3 + MnO_2 \downarrow$$
$$NO_2 + KMnO_4 + KOH \longrightarrow KNO_3 + H_2O + MnO_2 \downarrow$$

此法 NO_x 去除率达 $93\% \sim 98\%$。这类方法效率高，但运转费用也比较高。总之，尽管有许多物质可以作为吸收 NO_x 的吸收剂，使含 NO_x 废气的治理可以采用多种不同的吸收方法，但从工艺、投资及操作费用等方面综合考虑，目前较多的还是碱性溶液吸收和氧化吸收这两种方法。

第六节　有机废气的治理

挥发性有机物（VOCs）：沸点在 $50 \sim 250℃$ 的化合物，室温下饱和蒸气压超过

133.32Pa，在常温下以蒸气形式存在于空气中的一类有机物。

大多数有机废气都对人体有害，甚至还有致癌、致畸、致突变的作用，因此对其在空气中的含量要求非常严格。有机废气主要来源于无机化工、石油化工、精细化工等许多行业和部门，有些行业比，如石油开采与加工、炼焦与煤焦油加工、有机合成、溶剂加工、感光材料、油漆涂料加工及使用等，其所带来的污染尤其严重。各行业中所产生的 VOCs 种类繁多，组成复杂，常见的组分有烃类、苯系物、醇类、酮类、酚类、醛类、酯类、胺类、腈（氰）类等。

一、有机废气净化

有机废气净化的基本方法有冷凝法、吸收法、吸附法、燃烧法（催化燃烧、热力燃烧或直接燃烧）、膜法、生物法等，或上述方法的组合。选择依据：既考虑技术上的可行性，又考虑经济上的可行性。具体应从污染物的性质、浓度、净化要求并结合生产中的具体情况以及投资、运转费用、回收效益等方面予以考虑，同时还要综合考虑环境效益和社会效益。

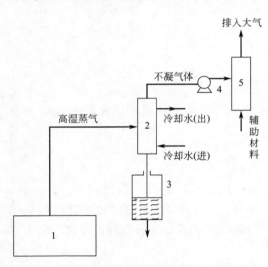

图 11-14　冷凝法治理有机废气工艺流程图
1—排方源；2—冷凝塔；3—接收罐；
4—风机；5—气体净化塔风机

（一）冷凝法

冷凝法的特点：处理高浓度有机废气，特别是组分单纯的气体；作为吸附净化或燃烧的预处理，以减轻后续操作的负担；处理含有大量水蒸气的高温气体。

冷凝法治理有机废气工艺流程图如图 11-14 所示。

（二）吸收法

在大部分有机废气的治理中，不采用吸收法，其主要原因是合适的吸收剂不好选择。目前只有在石油炼制、石油化工的生产及储运中，采用溶剂吸收法对烃类（如苯类、汽油、石脑油等）进行回收。

对苯类的吸收，多采用二乙二醇醚作吸收剂。对汽油等轻质油品，多采用轻柴油作吸收剂进行吸收。吸收装置多采用吸收塔。

对于低浓度的有回收价值的有机废气，多采用吸附法，因为此种方法可以实现有机废气的资源化，同时，吸附法净化有机废气可以达到相当彻底的程度。在大量使用有机溶剂的行业，如精细化工、石油化工、涂布、喷涂、感光材料等行业都大量使用吸附法。

吸附法净化的工艺流程图如图 11-15 所示。

（三）催化燃烧法

催化燃烧法是借助催化剂在低温（200～400℃）下，实现对有机物的完全氧化，因此能耗少、操作简便、安全、净化效率高，在有机废气特别是回收价值不大的有机废气净化方面应用比较广，已有不少定型设备可供选用。

高性能的氧化催化剂是催化燃烧法的关键。一般来说，催化剂活性成分、载体类型、负载方法等在国内外基本相同。催化剂活性成分主要包括贵金属（Pd、Pt 为主）、过渡金属

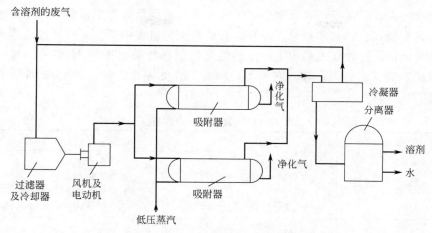

图 11-15　吸附法净化的工艺流程图

(Cu、Mn、Cd、Ni、Co、Cr 等) 和稀土金属 (Ce、La 等) 氧化物，以及复合氧化物 (钙钛矿、尖晶石以及 Cu-Mn-O 等)。载体主要有氧化物 (Al_2O_3、TiO_2、SiO_2、CeO_2、ZrO_2、Fe_2O_3 等)、沸石、蜂窝陶瓷、金属载体等。负载方法有浸渍法、电沉积法、溶胶凝胶法、反相微乳法和沉淀法等。在催化剂活性组分含量、活性数据和寿命等方面，由于用途不同，所处理污染物的性质差别很大，因此并没有明确的界定。

目前我们所使用的氧化催化剂，包括贵金属和非贵金属催化剂，一般 250～350℃之间即可以达到有机污染物的完全转化。预热温度过高只会增加运行成本，而对转化率的提高贡献不大。当预热温度超过 400℃时，由于反应速率过快，反应温度不易控制，而且床层温度过高还可能造成催化剂烧结而失活。因此一般催化燃烧装置的废气预热温度不应高于 400℃。

大量的工程实践表明，废气中粉尘的含量低于 10mg/m³ 时不会对催化剂造成明显的影响。因此一般规定进入催化燃烧装置的废气中粉尘的含量低于 10mg/m³。

催化燃烧法净化有机废气工艺流程图如图 11-16 所示。

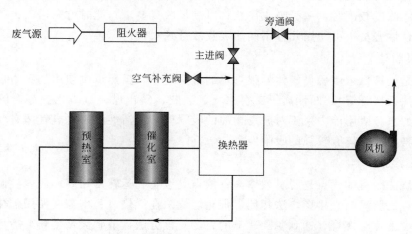

图 11-16　催化燃烧法净化有机废气工艺流程图

二、恶臭气体

恶臭物质种类繁多，分布广，影响范围大，它们多数来自以石油为原料的化工厂、垃圾处理厂、污水处理厂、皮革厂、纸浆厂等工业企业。特别是含有微量硫、氮、磷等杂原子的有机化合物，在储存、运输和加热、分解、合成等工艺过程中产生臭气并逸散到大气中，造成环境的恶臭污染。迄今凭人的嗅觉即能感觉到的恶臭物质已达 4000 多种，其中对健康危害较大的有硫醇类、硫醚类、氨（胺）类、酚类、醛类等几十种。表 11-3 列举了恶臭气体的治理方法。

表 11-3　恶臭气体的治理方法

方　　法	条　　件	适用对象
吸收法	物理吸收法：水 化学吸收法：碱、酸 臭氧、次氯酸钠	水溶性恶臭成分 碱性恶臭成分 酸性恶臭成分 易氧化分解恶臭成分
吸附法	物理吸附剂 活性炭 浸渍活性炭 脱臭剂 氧化铁系列	烃类 硫化氢等物料吸附较少的成分 碱性、酸性恶臭成分 硫化氢
燃烧法	直接燃烧法 催化燃烧法 浓缩燃烧法	可燃性恶臭成分
生物法	活性污泥 土壤微生物	恶臭废水
中和或掩蔽法	适当的中和剂或掩蔽剂	低浓度恶臭成分

（一）吸收法

吸收法是利用恶臭气体的物理或化学性质，使用水或化学吸收液对恶臭气体进行物理或化学吸收而脱除恶臭的方法。吸收装置有喷淋塔、填料塔、各类洗涤器、鼓泡塔等。选择吸收方式时，应尽可能选择化学吸收，一方面可以提高脱臭效果，另一方面也可节省大量用水。恶臭气体浓度较高时，一级吸收往往难以满足脱臭要求，此时可采用二级、三级或多级吸收。对复合性恶臭也可使用几种不同的吸收液分别吸收。

（二）吸附法

吸附法是处理低浓度恶臭气体的很重要的方法之一。虽然可供使用的吸附剂很多，如活性炭（包括活性炭纤维）、两性离子交换树脂、硅胶、磺化煤、氢氧化铁等，但大多数吸附剂对空气中的水分吸附能力大于对恶臭物质的吸附能力；活性炭对恶臭气体有较大的平衡吸附量，对多种恶臭气体有较强的吸附能力。

（三）燃烧法

直接燃烧法脱臭的优点是脱臭效率高；缺点是设备和运转费用高，温度控制复杂。

催化燃烧法脱臭与直接燃烧法相比，催化燃烧法在燃烧过程中需要使用催化剂，以利于在较低的温度下完全燃烧，达到脱除恶臭的目的。该方法可节省大量燃料，适用于低温恶臭气体的处理。

（四）生物法

目前在脱臭方面发展起来的生物处理法是一种很有前途的方法。生物处理废气是一种催化反应，使用的是生物催化剂，利用生物酶的催化作用，使有机废气中的有害成分分解。生物处理净化有机物特别是臭味，设备简单，能耗低，不消耗有用原料，安全可靠，无二次污染。

目前在用生物法处理醇类、酚类、硫醇类、脂肪酸类、醛类、胺类等方面已有了比较成熟的方法；一些微生物制剂也大量出现，因此，生物法处理有机污染物是很有发展前途的。

三、含氟废气的治理

含氟废气主要是指含氟化氢（HF）和四氟化硅（SiF_4）的废气，它主要来源于工业生产过程，如电解铝、炼钢、磷肥、氟塑料生产、化铁炉，另外还有玻璃、陶瓷、砖瓦、搪瓷等行业。其中以电解铝和磷肥工业排放量最大。

据测算，每生产 1t 铝，要排放 16～24kg 的氟；生产 1t 黄磷排放 30kg 氟；生产 1t 磷肥排放 5～25kg 氟。煤中也含有氟，每千克 40～300mg，高的达 1400mg，煤燃烧时有 78%～100% 的氟排放出来。

（一）吸收法

水吸收法：用水吸收含氟废气主要是基于氟化氢和四氟化硅极易溶于水的特性。氟化氢溶于水生成氢氟酸，四氟化硅溶于水生成氟硅酸和硅胶。

碱吸收法：碱吸收法的机理与上述水吸收法基本相同，只是把水改为碱水，一般是用 Na_2CO_3 水溶液吸收含氟化氢废气制取冰晶石；用碱水吸收氟化氢或四氟化硅，最后都得到氟化物（NaF 或 NH_4F），再定量地加入偏铝酸钠（在 NaF 溶液中）或硫酸铝和 Na_2SO_4（在 NH_4F 溶液中），生成冰晶石。

（二）吸附法

吸附法净化含氟化氢废气有很高的净化效率，一般可达到 98% 以上。吸附完氟化氢的氧化铝不需再生，可直接送到电解槽作为电解铝的原料。工艺流程简单，不存在水污染和系统腐蚀问题，因此，与湿法相比，其投资和运行费用都比较低，可用于各种气候条件。

用氧化铝粉作吸附剂吸附铝厂烟气中的氟化氢是 20 世纪 60 年代电解铝厂含氟烟气治理技术上的一个重要突破，它不仅可以用来净化预焙阳极回转窑的烟气，而且还可以处理净化电解槽出来的含氟废气。目前来自预焙阳极回转窑的烟气主要是采用吸附法处理。

四、含汞废气的治理

汞分为无机汞和有机汞两类。无机汞的毒性较小，微量无机汞摄入人体后基本上能等量地由尿、汗等排出体外。有机汞则不然，特别是甲基汞和乙基汞的毒性更大，而且可以在体内慢慢积累。

空气中的汞包括汞蒸气和汞化合物的粉尘。主要来源是人类活动造成的，包括汞矿开采与冶炼，金、银、铅共生矿的开采、冶炼，一些汞制品及汞化合物生产厂，使用汞的氯碱厂、有机化工厂，鎏金作业点以及矿物燃料燃烧、煤燃烧、垃圾焚烧炉等均会有汞的污染物排放。

含汞废气的治理方法：吸收法治理含汞废气、吸附法治理含汞废气、气相升华反应法、冷凝法。

第十二章 化工废渣处理技术

化学工业生产过程中产生的固体和泥浆废物，主要包括化工生产过程中排出的不合格产品、副产物、废催化剂、废溶剂、废水、废气处理所产生的污泥等，也包括硫铁矿渣、硫酸渣、硫铁矿煅烧渣、硫石膏、磷石膏、电石渣、磷肥渣、碱渣、硫黄渣、铬渣、盐泥、制糖废渣、氟石膏等。化学工业固体废物来源及主要污染物来源见表 12-1。

表 12-1 化学工业固体废物来源及主要污染物来源

生产类型及产品		主要来源	主要污染物
无机盐行业	重铬酸钾	氧化焙烧法	铬渣
	氰化钠	氨钠法	氰渣
	黄磷	电炉法	电炉炉渣、富磷泥
氯碱工业	烧碱	水银法、隔膜法	盐泥、汞膏、废石棉隔膜
	聚氯乙烯	电石乙炔法	电石渣
磷肥工业	黄磷	电炉法	电炉炉渣、泥磷
	磷酸	湿法	磷石膏
氮肥工业	合成氨	煤造气	炉渣、废催化剂、铜泥、氧化炉灰
纯碱工业	纯碱	氨碱法	蒸馏废液、盐泥、苛化泥
硫酸工业	硫酸	硫铁矿制酸	硫铁矿烧渣、水洗净化污泥、废催化剂
	有机原料及合成材料		
	季戊四醇	低温缩合法	高浓度废母液
	环氧乙烷	乙烯氯化（钙法）	皂化废渣
	聚甲醛	聚合法	稀醛液
	聚四氟乙烯	高温裂解法	蒸馏高沸残液
	聚丁橡胶	电石乙炔法	电石渣
	钛白粉	硫酸法	废硫酸亚铁
染料工业	还原艳绿 FFB	苯绕蒽酮缩合法	废硫酸
	双倍硫化氰	二硝基氯苯法	氧化滤液
化学矿山	硫铁矿	选矿	尾矿

化工生产废渣中 Fe、S、As 含量较高，同时含有一定量的 Zn、Pb、Ag 等金属元素，是一种很有综合利用价值的工业废渣。长期以来这类废渣大多采用就地掩埋或囤积储存的方

法处理，不仅对周围环境造成污染，而且大量有价值元素得不到充分利用。

第一节　含砷固体废物处理技术

一、含砷固体废物的主要来源

含砷固体废物主要来自冶炼废渣（如砷碱渣、含砷烟灰）、含砷尾矿、处理含砷废水和废酸的沉渣、电子工业的含砷废弃物以及电解过程中产生的含砷阳极泥等。冶炼炉渣（尤其是锑冶炼过程中产生的砷碱渣）中砷含量较高、污染较为严重。从整个有色冶金系统来看，进入冶炼厂的砷，除一部分直接回收成产品白砷（如利用高砷烟灰直接提取白砷）外，其他的含砷中间产物最终几乎都进入到含砷废渣中。

二、含砷固体废物的稳定性评价

通过浸出实验来检测有害化合物的稳定性已经成为一种习惯做法，目前各国大都采用美国环保局的"毒性特征程序实验"（TCLP 实验）来检测。该实验将有害固体废物与 pH＝5 的乙酸缓冲溶液按 20∶1 的液固质量比混合，在搅拌强度为 30r/min 的条件下反应 20h，液固分离后，分析浸出液中有害元素的浓度。当含砷固体物料通过 TCLP 实验后浸出液中砷含量高于 5mg/L 时，该含砷废弃物必须加以处理而不能直接排放。TCLP 实验是在特定条件下的短期实验方法，无法从根本上评价有害物料的长期稳定性。模拟自然风化条件下含砷矿石的长期实验已经被提出并应用于一些含砷固体废物的稳定性评价。实际上，含砷废物的长期稳定性受到多种因素的影响，如含砷物料本身的特性，环境中存在的氧、硫化物以及氯化物和有机络合剂的影响等。

三、含砷固体废物的处理技术

处理含砷固体废物的方法大体可分为两种：一种是用氧化焙烧、还原焙烧和真空焙烧等火法进行处理，砷直接以白砷形式回收；另一种是采用酸浸、碱浸或盐浸等湿法流程，先把砷从废渣中分离出来，然后再进一步采用硫化法处理或进行其他无害化处理，湿法脱砷包括物理脱砷法和化学脱砷法。火法提砷成本较低，处理量大，但若生产过程控制不好极易造成环境的二次污染；湿法提砷能满足环保要求，具有低能耗、少污染、效率高等优点，但流程较为复杂，处理成本相对较高。目前，化学沉淀法的湿法脱砷工艺使用较为普遍，脱砷效果也最好，近年来利用该法来处理含砷固体废物有较多研究。

（一）传统固砷法

固砷法是防止砷污染简便而有效的方法，但各种砷渣的利用率较低，深埋和堆放造成资源的极大浪费，而且砷渣在某些条件下会被细菌氧化而溶于水体，导致砷的二次污染。砷酸钙渣的稳定性较差，具有较高的溶解度，但经高温煅烧，砷酸钙和亚砷酸钙的溶解度降低，且煅烧温度越高，其溶解度越小。石灰沉砷法处理含砷废水加上砷酸钙煅烧技术曾在智利几个铜冶炼厂得到应用，并取得了较好的结果。砷铁共沉淀形成含砷水铁矿，这是目前世界上广泛应用的固砷方法。因为含砷水铁矿沉淀物相当稳定，大多生产厂直接把这种含砷沉淀物排入尾坝或就地堆放、掩埋。臭葱石的稳定性与含砷水铁矿相当，但其沉淀物中砷质量分数高（＞30％），体积小，具有晶体结构，易澄清、过滤和分离。

因此利用臭葱石沉淀固定砷将成为固砷法处理含砷废物的发展趋势。电子工业的含砷废物中，砷以单质砷、砷酸、亚砷酸及其盐类等多种形式存在。处理这类含砷废物时，先用 H_2O_2 将各种形态的砷氧化成砷酸，使其与钙离子结合形成难溶性砷酸钙固体沉淀后，采用自然沉降方式固液分离后，进行包封固化处理，使浆状砷酸钙与环境隔绝，防止产生二次污染。

（二）焙烧法

火法炼砷是一种传统的提砷工艺。该法将高砷废物通过氧化焙烧制取粗白砷，或将粗白砷进行还原精炼以制取单质砷。含砷渣在 $600\sim850℃$ 下氧化焙烧可使其中 $40\%\sim70\%$ 的砷得以挥发，加入硫化剂（黄铁矿）可挥发 $90\%\sim95\%$ 的砷，在适度真空中对磨碎后的砷渣进行焙烧，脱砷率可达 98%。

火法工艺的含砷物料处理量大，适用于含砷大于 10% 的含砷废物，但该法存在环境污染严重、投资较大等不足。目前采用火法回收砷的生产厂家有日本足尾冶炼厂、瑞典波利顿公司、我国云锡公司及赣州冶炼厂等。我国湖南水口山矿务局第二冶炼厂，以回收的 As_2O_3 为原料，用碳还原法制备金属砷。应用的主设备是 $\phi500mm$ 的电炉，分两段加热。置于坩埚底部的 As_2O_3 受热挥发与上部的木炭相遇被还原为金属砷，经冷凝得到金属砷块，废气经布袋除尘后排空。该法每年可生产金属砷 $80\sim100t$，纯度达 $99.0\%\sim99.5\%$。

（三）硫酸浸出法

湿法提砷是消除生产过程中砷对环境污染的根本途径。湖南大学陈维平等在传统的湿法提砷 $[As(Ⅲ)\to As(Ⅳ)\to As(Ⅵ)\to As]$ 的基础上，提出了一种技术途径更短 $[As(Ⅲ)\to As(Ⅲ)\to As]$ 的湿法提砷新方法，消耗大大降低，经济效益得到提高。该法将硫化沉淀得到的含砷废渣（As_2S_3）在密闭反应器内用硫酸（$\geq80\%$）处理，反应温度为 $140\sim210℃$，反应时间 $2\sim3h$。As_2S_3 经分解、氧化、转化，形成单质硫黄和 As_2O_3。在一定温度下，As_2O_3 溶解在硫酸溶液中形成母液，固液分离出硫黄后，将母液冷却结晶析出固体 As_2O_3，砷的总回收率达 95.3%。

（四）碱浸法

利用 NaOH 并通入空气对含砷废物进行碱性氧化浸出，将砷转化成砷酸钠，然后经苛化、酸分解、还原结晶过程，制得粗产品 As_2O_3，日本住友公司和前苏联有色矿冶研究院曾采用此法处理含砷废物。用 $225g/L$ 的 NaOH 溶液浸出含砷废物，浸出条件为：$t=180℃$，$p(O_2)=2MPa$，液固质量比为 $10:1$。一段浸出 $4h$，溶液中砷回收率为 90%。另外可用氨浸溶液或氨与硫酸铵的混合物作为砷渣浸出试剂，浸出条件为：$t=80℃$，$p(O_2)=400kPa$。

日本今井贞美、杉本诚人等在 $80℃$ 的浸出温度下对含砷 21.0% 的脱铜阳极泥进行处理，$60min$ 即有 90% 以上的砷浸出，砷呈五价进入溶液，质量浓度达 $20g/L$，浸出液经进一步处理，得到的产品中 As_2O_3 的质量分数达 99%。

（五）盐浸法

硫酸铜置换法是处理硫化砷渣比较成熟的方法。日本住友公司东予冶炼厂是采用该法生产白砷的代表性厂家。公司采用非氧化浸出法，硫化砷滤饼中的砷经硫酸铜中的 Cu^{2+} 置换后，用 6% 以上的 SO_2 还原制得 As_2O_3，实现与其他重金属离子的分离，得到高纯度的

As_2O_3。整个生产过程在常温常压下进行，安全可靠，同时可回收砷、铜和硫。我国江西铜业公司贵溪冶炼厂耗资 5000 万引进日本该项技术及主要设备，处理硫化砷渣，取得良好的环境效益，但此法存在工艺流程复杂、铜耗量大等不足。利用硫酸亚铁在高压下浸出硫化砷渣，使各种金属离子得以分离（美国专利）。但由于高压操作、设备复杂，操作费用及造价也较高。针对砷渣中砷含量低、成分复杂等特点，我国白银公司探索出了一条硫酸铁常压处理砷渣的新方法。公司采用二段浸出工艺，一次浸出时基本实现砷、铋的分离，二次浸出时提高砷、铋的浸出率和铋的转形率。二段浸出后的滤液用 SO_2 烟道气还原，还原液精制后可得品位较高的精白砷；二段浸出后的滤渣，用盐酸使铋转形，浸铋后的滤渣（铅硫渣），可返回铅冶炼。该法在消除砷害的同时，回收了白砷和有价金属铋，在综合利用程度、环境保护、经济效益方面都比较优越。

（六）其他方法

含砷固体废物的处理除以上主要方法外，还有细菌浸出法、硝酸浸出法、有机溶剂萃取法和三氧化二砷饱和溶解度法等。这些方法的缺点是浸出率低、工业化生产不易实现，故推广价值不高。

四、含砷固体废物的综合利用

解决我国的砷污染问题，在积极开发含砷废物的处理新技术的同时，开展含砷物料的综合利用，也为砷污染的治理开辟了新的途径。含砷固体废物的处理逐渐从"固砷"被砷的开发利用所代替。目前很多厂家开始简化含砷废物的回收工艺，提高综合回收率，如 As_2O_3 含量较高的高砷烟尘可直接出售给木材防腐工业，而含砷低的烟尘可返回冶炼工艺的配料系统。含砷烟尘直接出售给玻璃制品厂作为玻璃澄清剂在国内也得到了研究和应用。选择性硫化沉淀法处理含砷废酸，砷、锑、铋等在一定条件下单独沉淀，简化了含砷滤饼的处理方法，得到的硫化铜等沉淀可送至各车间进行再熔炼，降砷成本较低；加压氧化浸出法处理硫化砷渣，工艺流程简单，设备规模小，有价金属回收率高。这些新工艺已经完成实验室研究，有待于在工业生产中推广应用。

第二节　含硫固体废物处理技术

一、含硫固体废物的主要来源

含硫固体废物主要来自硫铁矿烧渣、含硫尾矿以及某些以含硫矿物为原料进行生产的化工行业。目前我国硫铁矿烧渣的排放量每年达 1200 万吨，约 10% 的烧渣供水泥及其他工业作为辅助添加剂，大部分尚未利用。我国仅云锡公司、川投（有色）公司、白银（有色）公司、华锡公司、大冶（有色）公司 5 家单位堆存的尾矿合计为 24647 万吨，其中硫的总量高达 535.75 万吨。据估算，如将含硫 20% 的硫铁矿经过选矿使硫含量提高到 45%，则每生产 1t 硫酸可多回收含铁 61% 的铁精矿 0.45t，可多发电 67kW·h，具有明显的经济效益。国内外对硫铁矿烧渣的综合利用研究较多，主要有稀酸直接浸出、磁化焙烧-磁选、硫酸化焙烧-浸出、氯化焙烧等技术，渣中的有价成分再度资源化，此外硫铁矿烧渣还可用来制作水泥、矿渣砖等。

二、以单质硫形态回收含硫固体废物中的硫

软锰矿和黄铁矿在硫酸介质中浸出制备硫酸锰的工艺中，受浸出过程动力学等因素影响，浸出反应较为复杂。硫铁矿中的硫除部分反应生成离子外，大部分以单质硫形态存在，有关反应如下：

$$MnO_2 + FeS_2 + H_2SO_4 \longrightarrow MnSO_4 + Fe_2(SO_4)_3 + S + H_2O$$
$$MnO_2 + FeS_2 + H_2SO_4 \longrightarrow MnSO_4 + Fe_2(SO_4)_3 + H_2O$$

三、利用浮选、重选等方法回收硫精矿

利用浮选、重选等方法回收硫精矿是从含硫固体废物中回收硫的主要方向，回收的硫精矿可用于硫酸的制取，同时可回收铁和其他贵金属。目前该技术及工艺均比较成熟。钱鑫等对毒砂与硫化矿的浮选分离进行了系统研究，认为除了研究选择性强的捕收剂外，还研究了氧化抑制剂，寻找出了有效的无机抑制剂和有机抑制剂及捕收剂。我国白银有色金属公司采用硫精矿回收工艺综合利用含硫大于9%的含硫尾矿，效果良好，浮选作业添加的捕收剂为丁基黄药，起泡剂为2号浮选油，其用量分别为150g/t和50g/t。

四、利用软锰矿回收含硫固体废物中的硫

（一）两矿焙烧法

两矿焙烧法利用含硫固体废物和软锰矿共焙烧生产硫酸锰不需使用硫酸，能同时实现两矿的有效利用，但该法存在生产成本较高、渣量大等不足。

（二）氧化焙烧-软锰矿浆吸收法

氧化焙烧-软锰矿浆吸收法利用软锰矿浆脱除模拟烟气中的SO_2，该理论研究已成功应用于工业化放大试验。但到目前为止，利用软锰矿浆直接吸收含硫固体废物氧化焙烧时产生的SO_2的技术仍处于试验阶段。人们对软锰矿浆吸收SO_2的反应机理进行过不少研究，观点不尽一致，但普遍认为吸收过程的主反应如下：

$$SO_2 + H_2O \longrightarrow H_2SO_3$$
$$MnO_2 + H_2SO_3 \longrightarrow MnSO_4 + H_2O$$

副反应为：

$$MnO_2 + H_2SO_3 \longrightarrow MnS_2O_6 + H_2O$$

MnS_2O_6的生成量随吸收过程pH值的减小、搅拌速度的增大而下降。当温度升高时，发生如下分解：

$$MnS_2O_6 \longrightarrow MnSO_4 + SO_2$$

经热力学计算，主反应在25℃的标准摩尔吉布斯自由能$\Delta_r G_m = -192.15kJ/mol$，平衡常数$K = 4.62 \times 10^{33}$，这说明室温下浸出反应不仅能自发进行，而且反应趋势很大，可进行得相当彻底。

第三节　含铁固体废物的回收利用

一、含铁固体废物的主要来源

含铁固体废物主要来自硫酸工业的硫铁矿烧渣、钢铁冶金渣、含铁尾矿、赤泥等。据统

计，我国目前每年排出高炉渣 3000 万吨，各种铁合金渣 100 多万吨，硫铁矿渣 1200 万吨。随着我国钢铁工业的快速发展，对铁矿资源的需求日益增大，有效开发利用各种铁资源已成为一种迫切需求。各种含铁固体废物开始成为人类开发利用的二次铁矿资源。

二、含铁固体废物用作建筑原料

低铁、高硅酸盐的含铁固体废渣适宜于作建筑生产原料，用于生产水泥、制砖等。

（一）生产水泥

Fe_2O_3 是制造水泥的助熔剂。利用含铁的固体废渣代替铁矿粉作水泥烧制的助熔剂，能降低水泥的烧成温度，提高水泥的强度和抗侵蚀能力。水泥工业一般要求铁矿粉含铁品位为 35%～40%。硫对水泥质量是有害的，但由于水泥烧成温度较高，因而脱硫率较好，故对含铁废渣的硫含量要求并不严格。我国许多厂家广泛利用含铁的烧渣代替铁矿粉生产水泥，以降低水泥成本。水泥生料中烧渣掺入量为 3%～5%，每年用于水泥工业的含铁烧渣占其全年产量的 20%～25%。铁酸盐水泥以含铁废渣、石灰、钢渣为原料，掺入适量石膏粉磨而成，其中含铁渣、石灰、钢渣三者的配比范围分别为：7%～16%、42%～53%、17%～26%。铁酸盐水泥早期强度高、水化热低。若掺入石膏，可生成大量硫铁酸盐，能有效减少水泥石干缩，提高其抗海水腐蚀的性能，适于水工建筑。

（二）制砖

铁含量低而硅、铝含量高的含铁烧渣可代替黏土，掺和适量石灰，经湿碾、加压成型、自然养护制成渣砖。该法生产工艺简单，不需焙烧或蒸汽养护，砖的物理性能良好，成本低于黏土砖。年产 1 万吨的硫酸厂每年将产生含铁废渣 0.7～1 万吨，若将这些废渣全部制成渣砖，将制砖 600 万块，减少占地 5 亩（1 亩＝667m²，下同）以上，与普通黏土砖相比，可节约标煤 600t。

三、回收铁精矿

铁精矿可广泛用作炼铁的原料，也可用于电磁、无线电行业等。回收铁精矿，这是含铁固体废物资源化的重要途径之一。一般的含铁固体废物，铁含量不高，而 SiO_2、S 及有色金属杂质较高，直接用于炼铁达不到理想效果。因此必须进行预处理，以提高废物中铁的品位、降低有害杂质含量。利用含铁的固体废渣提取铁精矿，选矿的方法应用广泛，取得了显著的成效。常用的有磁化焙烧-磁选、重选-磁选、重选-浮选等联合工艺。

（一）磁化焙烧-磁选

磁化焙烧-磁选方法在回收含铁废物方面有极好的适应性，分选效果好，铁回收率高，同时具有较好的脱硫效果，目前这方面的研究报道较多。

（二）重选-磁选

含铁的废渣中硫含量较低时，采用磨矿-磁选-重选联合工艺，能生产出质量较高的铁精矿。

四、提取铜、锌、金等有价金属

含铁固体废物虽然铁含量较高，但直接送去炼铁会由于其中含铜、锌、硫、砷而影响生铁质量，同时对铜、锌等有色金属也是一种资源的浪费，因此，渣中的有价金属应予以综合回收。综合回收烧渣中有价金属的方法有稀酸直接浸出、磁化焙烧-磁选、硫酸化焙烧-浸出、氯化焙烧等。其中，氯化焙烧是目前工业上综合利用程度较好、工艺较为完善的方法。中温氯化焙烧将含铁废渣与固体 NaCl 在 500～600℃下焙烧，生成的金属氯化物呈固态留在焙砂中，用水或酸浸出后，金属氯化物便呈可溶性物质与渣分离，从浸出液中可回收有色金属和稀贵金属。中温氯化焙烧工艺比较成熟，操作简单，但浸出作业复杂，浸出量大。浸渣需经造球后才能炼铁，烧结时易污染环境，因此，近年来氯化焙烧的方向趋于高温氯化焙烧。高温氯化焙烧将含铁渣与氯化剂（$CaCl_2$ 或废 $FeCl_3$ 溶液）混合制球后干燥，焙烧温度为 1000～1200℃，高温下铁渣中的有价金属氯化挥发而与氧化铁、脉石分离，氯化挥发物收集后用湿法提取有价金属，焙烧球团可直接作为炼铁原料。与中温氯化焙烧相比，高温氯化焙烧湿法处理量少，后续处理成本低，金属回收率高，烧结球团适于直接炼铁，因而发展迅速。

五、制备铁系产品

（一）生产聚合硫酸铁（PFS）

聚合硫酸铁（PFS）是一种新型无机高分子絮凝剂。PFS 具有较强的除浊、去除 COD 及重金属离子的能力，并有脱色、脱臭、脱油等功效。在水处理工程及废水净化回用技术领域，PFS 以其良好的絮凝性能和无毒无害的优点备受人们的关注。因此利用高铁的废物资源开发无机水处理剂 PFS，具有重要的现实意义及良好的应用前景。

（二）生产硫酸亚铁

高温煅烧产生的硫铁废渣组织结构致密、化学活性低，直接酸溶一般难以得到高的铁提取率。陈吉春等研究了硫铁矿烧渣还原酸浸制取硫酸亚铁溶液的工艺过程。适宜的工艺条件为：还原剂（褐煤）：烧渣＝80%（质量分数），焙烧温度为 800℃，还原时间为 20min；酸浸时硫酸过量系数为 1.20，在 70℃温度下浸出 20min，烧渣的还原浸出率达 99.2%。研究表明，还原酸浸法过程简单、浸出时间短、铁的回收率高，且制取的硫酸亚铁可进一步用于生产多种铁系化工产品，实现硫铁矿烧渣的多用途开发利用。

（三）生产铁系颜料

铁系颜料主要有铁红、铁黄、铁黑等。铁系颜料具有颜色多、色谱广、无毒、价廉等优点，广泛应用于涂料、油墨、造漆、皮革等行业，且用量极大。铁系颜料的广阔市场为含铁废渣的利用提供了一个良好的机遇。

第四节　含锌固体废物的回收利用

一、含锌固体废物的主要来源

含锌固体废物主要来自含锌矿的冶炼渣、钢铁厂热镀锌生产线的废渣、城市固体废物的焚烧渣、含锌的废弃电池等。据统计，我国每年约产生 32 万吨的工业含锌废弃物，到目前为止，我国的含锌固体废物累计量达 1000 多万吨。含锌固体废物中，常含有许多有价金属，如 Cu、Pb、Ag、Ga 等，因此，回收锌或其他有价金属元素，均是含锌固体废弃物资源化的研究方向。为综合回收含锌固体废物，国内外均进行了大量的研究。这些方法在工艺类型上可分为湿法、火法及湿法-火法联合三大类型。

二、湿法回收利用含锌固体废物

（一）酸浸法

E. A. Abdel-Aal 研究了硫酸浸出低品位硅酸锌矿的动力学过程，认为矿物粒径、反应温度、硫酸浓度是影响锌浸出率的重要因素。适宜的浸出条件为：矿渣粒径约 $74\mu m$，温度为 $70℃$，浸出时间 180min，硫酸质量浓度 10%，固液比为 $1:20$，此时锌的浸出率达 94%。锌的浸出受扩散速率的控制，应用热力学计算，求得反应活化能为 13.4kJ/mol，这与报道的扩散控制反应活化能的大小基本一致。B. Asadi Zeydabadi、D. Mowla 等开展了高炉粉尘中回收锌的研究。研究采用的粉尘除含 Zn、Si、Fe、C 主要元素外，还伴生有少量 Cd、Cr、As 等有毒有害物质。

（二）碱浸法

重庆钢铁研究所利用陕西金属回收公司提供的白铜废料进行回收钢、镍、锌的研究。针对传统火法-湿法联合流程回收白铜废料能耗高、主金属回收困难等不足，采用了全湿法处理白铜废料的流程。扩大试验运用氨浸-蒸煮-电解提铜-镍锌分离-硫酸镍的研究路线。经过一年多的运行，得到一级电解铜 7.232t、硫酸镍 5t。扩大试验获得了分离过程的各项工艺参数，为其他中小企业组织生产提供了重要的参考。

（三）盐浸法

盐浸法浸出反应速率快，金属浸出率较高，且浸出试剂可再生循环使用，废水处理量小，但反应设备需耐腐蚀。

三、火法回收利用含锌固体废物

湿法处理含锌废弃物存在原料条件要求高、浸出剂消耗大等不足，目前火法处理仍是主要的处理工艺，其中 Waelz 回转窑类处理工艺和 INMETCO 环形炉类处理工艺最具代表性。国外许多钢铁厂已经对含锌铅的冶金粉尘实现工业化处理，有条件地回收其中的 Fe、Zn、Pb 等有价元素；我国对该类粉尘的回收利用仍处于实验室研究或半工业阶段。Waelz 法直接加焦粉处理锌浸出渣，有不少优点，但挥发窑处理能力低、能耗大，挥发窑内易结圈，挥发后的残渣和焦粉不易分选，回收的产品质量差。中南大学研究了采用复合球团矿取代粉渣入炉的新工艺，强化了还原挥发过程。

四、湿法-火法联合回收利用含锌固体废物

M. Deniz Turan 和 H. Soner Altundogan 等提出了利用硫酸化焙烧-水浸出-NaCl 浸出的火法-湿法联合流程回收锌废渣中的锌和铅。废渣与硫酸混合进行焙烧后，用水浸出可提出大部分的锌，浸渣继续用 NaCl 浸出，可实现铅的回收。试验同时得到了各项适宜的操作条件，焙烧过程为：废渣与硫酸等质量比混合，焙烧温度 $200℃$，反应时间 30min；水浸出段为：浸出温度 $25℃$，浸出时间 60min，废渣制浆浓度 20%；NaCl 浸出段为：NaCl 溶液质量浓度 200g/L，浸出温度 $25℃$，浸出时间 10min，渣浓度 20g/L。

第十三章 化工清洁生产概要

第一节 清洁生产概述

一、清洁生产的定义

清洁生产是一项实现经济与环境协调发展的环境策略。具体来讲：

① 对生产过程，要求节约原材料和能源，并且淘汰有毒原材料，减少废弃物数量以及降低废物毒性；

② 对产品，要求减少从原材料生产到产品的最终处理的整个生产周期的不利影响；

③ 对服务，要求将环境因素纳入生产设计以及为其所提供的服务中。

从上述定义可以看出，实行清洁生产包括清洁的生产过程、清洁的产品和服务三个方面。对生产过程而言：它要求采用清洁工艺和清洁产生技术，清洁的原料和燃料，提高能源、资源利用率以及通过源削减和废物回收利用来减少和降低所有废物的数量和毒性。对产品和服务而言：实行清洁生产要求对产品的全生命周期实行全过程管理控制，不仅要考虑产品的生产工艺、生产的操作管理、有毒原材料替代、节约能源资源，还要考虑产品的配方设计、包装与消费方式，直至废弃后的资源回收利用等环节，并且要将环境因素纳入设计和所提供的服务中，从而实现经济与环境协调发展。

《中华人民共和国清洁生产促进法》中明确规定，所谓清洁生产，是指不断采取改进设计，使用清洁的能源和原料，采用先进的工艺技术与设备，改善管理、综合利用，从源头消减污染，提高资源利用效率，减少或者避免生产、服务和使用过程中污染物的产生和排放，以减轻或者消除对人类健康和环境的危害，并对清洁生产的管理和措施进行了明确的规定。

二、清洁生产工作的主要内容

清洁生产应包括如下主要内容：

① 政策和管理研究；

② 企业审计；

③ 宣传教育；

④ 信息交换；

⑤ 清洁技术转让推广；

⑥ 清洁生产技术研究、开发和示范。

清洁生产工艺是既能提高经济效益，又能减少环境问题的工艺技术。它要求在提高生产效率的同时必须兼顾削减或消除危险废物及其他有毒化学品用量；关键是改善劳动条件，减少对人体健康的威胁，并且能够生产安全的、与环境兼容的产品，这是技术改造和创新的目标。

清洁产品是从产品的可回收利用性、可处置性、可重新加工性等方面考虑，要求产品设计者本着产品促进污染预防的宗旨来设计产品。

根据清洁生产的不同侧重点，形成了清洁生产的多种战略与方法，主要有污染预防、减少有毒品使用、为环境而设计。

1. 污染预防（pollution prevention）

污染预防的主要措施是通过源削减和就地再循环，避免和减少废物的产生和排放（数量和毒性）。源削减的途径主要为：①产品改进；②投入替代；③技术革新；④内部管理优化；⑤原材料的就地再利用。

2. 减少有毒品使用（toxic use reduction，TUR）

TUR 与污染预防最大的区别在于所关注的原材料的范围不同。一般以有毒化学品名录为依据和目标，尽可能使用有毒化学品名录以外的化学品。

TUR 通常有以下途径：

① 产品重配方，重新设计产品使产品中的有毒品尽可能少；

② 原料替代，用无毒或低毒的物质和原材料替代生产工艺中有毒品或危险品；

③ 改变或重新设计生产工艺单元；

④ 改善工艺现代化，利用新的技术和设备更新现有工艺和设备；

⑤ 改善工艺过程和管理维护，通过改善现有管理规程和方法高效处理有毒品；

⑥ 工艺再循环，通过设计，采用一定方法再循环，重新利用和扩展利用有毒品，使有毒品循环使用。

3. 为环境而设计（design for environment，DfE）

目前 DfE 主要涉及以下几种：

① 消费服务方式替代设计；

② 延长产品寿命期设计；

③ 原材料使用最小化和选择与环境相容的原材料；

④ 物料闭路循环设计；

⑤ 节能设计，降低生产和使用阶段的能耗；

⑥ 清洁生产工艺设计；

⑦ 包装销售设计。

第二节　清洁生产的意义及发展

一、清洁生产的意义

（一）我国工业污染状况

1. 总体情况

在我国的环境污染中，工业污染占全国负荷的 70% 以上。每年由于环境污染造成的经济损失达 1000 亿元。

2. 我国化学工业污染防治与发达国家的差距

表 13-1 为 8 种产品的国内外同类装置排污系数比较情况。

表 13-1　8 种产品的国内外同类装置排污系数比较

产品	生产工艺	排污系数/（kg/t 产品）					
		废气		废水		固体废物	
		国外	国内	国外	国内	国外	国内
氯乙烯	氧氯化法	4.9～12	113～220	0.33～4.35	837	0.05～4.0	211
乙苯	烷基化法	0.29～1.7	4.8	1.9～21.5	2867		
丙烯腈	氨氧化法	0.017～200	5882	0.002～34.1	2592		
环氧丙烷	氧醇法、氧化法	0.005～8.5	178～560				
环氧乙烷	氧化法	0.25～47.5	630				
丙烯酸乙酯	酯化法	0.265～2.65	22.7				
乙醛	氧化法			0.6～13.9	10800～40000		
对苯二甲酸二甲酯	酯化法			微量～54	1170		

清洁生产与过去的环境政策不同，过去的环境政策强调末端治理，即当污染产生后在排污口和烟囱口通过处理和处置进行污染控制；这种方法具有严重的经济与环境上的弊端。

（二）末端治理具有经济与环境上的弊端

第一，污染控制方法通常以单一环境介质（如空气、水和陆地）为目标对污染物进行控制，这种方法鼓励污染向未控制的介质中转移，例如在解决空气污染和水污染过程中可能产生粉尘和污泥的陆地污染问题。

第二，污染控制方法通常只集中在控制大型污染源，但是未受控制的小污染源可能超过受控制的大污染源。

第三，这种方法按照固定要求（排放标准）接近污染物的排放标准，未能鼓励排污者将污染减少到最小量排放。

第四，污染控制方法鼓励企业花费巨额环境投资用于污染控制技术，而不是用于改进生产方式、改变原料、加强设备维护等花费低、效益高的污染预防技术。

这样，我们面临着一个相互矛盾的环境问题，一方面，我们花费大量资金与资源处理污染，而处理的结果又有新废物产生，又需要资源来处理它；另一方面，我们的环境质量只得到局部改善，而更严重的全球性环境问题，如臭氧层破坏、温室效应等对人类与环境造成新的威胁。因而，只有实行污染预防的办法预防废物（污染物）的产生才能从根本上解决上述矛盾。

目前，我国在清洁生产方面与发达国家相比有着较大的距离，尤其体现在原材料的消耗、"三废"的产生及清洁生产的管理等方面，因此在我国提倡和发展清洁生产方面有较大的空间，在我国提倡和发展清洁生产将对我国社会主义建设和可持续发展有着重要的意义。

二、清洁生产的发展

联合国环境规划署工业与环境规划活动中心还制定了清洁生产计划，主要包括五项内容：

① 建立国际清洁生产信息交换中心（ICPIC）；

② 出版"清洁生产简讯"等有关刊物；

③ 成立若干工业行业工作组致力于废物减量的清洁生产审计，编写清洁生产技术指南；

④ 进行教育和培训；

⑤ 开展清洁生产技术援助，帮助发展中国家和向市场经济转轨国家建立国家清洁生产中心等。

我国从 20 世纪 80 年代就开始研究推广清洁生产工艺，如硫酸工业的水洗流程改为酸洗流程，一转一吸改为两转两吸，减少了酸性废水及 SO_2 废气的排放；又如氯乙烯生产中由乙炔法改为乙烯氧氯化法避免了废汞催化剂的污染等。我国陆续研究开发了许多清洁生产技术，为清洁生产的实施打下了基础。

我国对清洁生产的管理也日益重视，专门成立了中国国家清洁生产中心、化工部清洁生产中心及部分省市的清洁生产指导中心，逐步建立和健全了企业清洁生产审计制度，在联合国环境规划署的帮助下进行了数十家企业的清洁生产审计，并取得良好效果。建设（改扩）项目的环境影响评价工作，以此为立项审批的重要依据。随着科学技术和国民经济的发展，我国的清洁生产水平将会不断地提高。

第三节　清洁生产的实施

表 13-2 为废物产生原因及清洁生产实施方案。

表 13-2　废物产生原因及清洁生产实施方案

废物产生原因	清洁生产实施方案
原材料储运管理 ①原料质量不稳定,杂质多,造成物料消耗高,催化剂中毒,副产物多 ②原料储运管理不当,物料损失率高 ③设备备品备件质量差,阀门内漏,盖压不严,造成泄漏 ④使用有毒物料,工作环境差,废物污染严重	原材料改变 ①加强原料质量控制,实行精料政策,进行原料提纯加工,提高原材料品质 ②加强原料进出厂计量和储运管理,将原料在厂内加工,改进包装运输方式,储槽加溢流报警装置,减少原料流失 ③加强备件质量检验和改进采购程序,杜绝不合格备品进厂,定期进行检查维修 ④改变产品配方,替代有毒原材料,加强员工健康监护
工艺技术设备和操作 ①生产工艺落后,流程过长,能耗高,收率低,废物产生量大 ②设备器材陈旧,造成物料泄漏和事故停车 ③仪表系统老化,计量不准,工艺指标不能及时调控,造成原料浪费和产品不合格 ④设备管线布局不合理,管路控制阀门少,无法消除局部泄漏 ⑤设备选型不当,大马拉小车;设备热效率低,能源浪费严重 ⑥催化剂使用多年,活性下降,产品收率低,副产物多 ⑦水、电、气公用工程供应不稳定,夏季制冷系统达不到工艺要求,造成事故停车和废物产生 ⑧工艺靠手工控制,自动监控不及时,工艺参数温度、压力、流量等不能控制在最佳状况下 ⑨市场需求变化造成产品品种改变,增加设备清洗次数,增大废水、废溶剂产生量	工艺技术改进和优化操作 ①改革生产工艺,采用无废/低废工艺,局部改进工艺技术,使用高效反应器,分离精制技术等 ②更新设备,定期进行预防性维护保养 ③仪表改造与更新,加强仪表设备管线维修保养,及时校正 ④适当调整管线布局,使之有序化,增添必要的控制仪表和阀门,提高自控水平 ⑤改换设备,节电降耗或安装变频器,降低能耗,进行余热回收提高热效率 ⑥更换或采用新型高效催化剂提高反应效率 ⑦改造制冷系统,增加制冷设备,加强调度,保证水、电、气供应,减少废物的产生 ⑧增加必要的仪器仪表,实现生产自动控制,优化工艺条件 ⑨合理安排生产,改进清洗程序,减少设备清洗次数

废物产生原因	清洁生产实施方案
生产管理与维护 ①员工不重视安全环保,清洁生产意识差,不注意节水节能 ②工人不按要求操作,工艺条件控制不稳,物料称量不准确,劳动纪律松懈 ③设备管线跑、冒、滴、漏严重,生产、生活用水长流,浪费大 ④工人违章操作,安全意识差,事故发生频繁	强化内部管理 ①加强清洁生产教育,提高责任心 ②严格工艺控制和操作条件,按操作规程操作,加强岗位责任制和培训 ③严格巡回检查和设备维护,及时消除跑、冒、滴、漏现象 ④将生产经济指标、能源、资源消耗与个人奖金挂钩,定期进行员工技术培训,提高员工素质
废物回收利用 ①工艺冷却水和蒸汽冷凝液直接排放 ②冷凝系统不凝气,真空系统安全排放,设备挥发性有机物释放,工艺粉尘无组织排放 ③固体废物和蒸馏残液存放处置不当	废物厂内回收利用 ①实行清污分流,间接冷却水循环使用 ②采取吸收吸附措施,回收有用物质的循环利用;采用专用集尘装置,分别收集粉尘回收用于生产 ③采取防渗、防扬散措施,厂内进行再资源化

一、强化内部管理

（一）物料装卸、储存与库存管理

物料装卸、储存与库存管理的程序包括:

① 对使用各种运输工具（铲车、拖车、运输机械等）的操作工人进行培训,使他们了解器械的操作方式、生产能力和性能。

② 在每排储料桶之间留有适当、清晰空间,以便直观检查其腐蚀和泄漏情况。

③ 包装袋和容器的堆积应尽量减少翻裂、撕裂、戳破和破裂的机会。

④ 将料桶抬离地面,防止由于泄漏或混凝土"出汗"引起的腐蚀。

⑤ 不同化学物料储存应保持适当间隔,以防止交叉污染或者万一泄漏时发生化学反应。

⑥ 除转移物料时,应保持容器处于密闭状态。

⑦ 保证储料区的适当照明。

（二）改进设备设计和维护,预防泄漏的发生

预防泄漏计划的内容主要有:

① 在装置设计时和试车以后进行危险性评价研究,以便对操作和设备设计提出改进意见,减少泄漏的可能性。

② 对容器、储槽、泵、压缩机和工艺设备以及管线适当进行设计并保持经常性维护保养。

③ 在储槽上安装溢流报警器和自动停泵装置,定期检查溢流报警器。

④ 保持储槽和容器外形完好无损。

⑤ 对现有装料、卸料和运输作业制订安全操作规程。

⑥ 铺砌收容泄漏物的护堤。

⑦ 安装联锁装置,阻止物料流向已装满的储槽或发生泄漏的装置。

⑧ 增强操作人员对泄漏严重后果的认识。

（三）废物分流

分流项目包括:

① 将危险废物与非危险废物分开。当将非危险废物与危险废物混在一起时,它们将都成

为危险废物，因而不应使两者混合在一起，以便减少需处置的危险废物量，并大大节省费用。

② 按废物中所含污染物，将危险废物分离开，避免相互混合。

③ 将液体废物和固体废物分开。将液体废物和固体废物分开，可减少废物体积并简化废水处理。例如，含有较多固体物的废液可经过过滤，将滤液送去废水处理厂，滤饼可再生利用或填埋处置。

④ 清污分流。将接触过物料的污水与未接触物料的废水，如间接冷却水分开，清水可循环利用，仅将污水进行处理。

（四）制定提高员工素质与建立激励机制的人事管理措施

① 制订废物减量计划。

② 制订职工培训计划。

③ 实行奖励制度。

④ 实行费用分摊的财务管理策略。

二、工艺技术改革

工艺技术改革主要采取如下两种方式。

（一）生产工艺改革

改革生产工艺，减少废物产生体现在三个方面：开发和采用低废和无废生产工艺和设备来替代落后的老工艺，提高反应收率和原料利用率，消除或减少废物产生量。

① 开发和采用低废和无废生产工艺和设备来替代落后的老工艺

例如采用流化床催化加氢法代替铁粉还原法旧工艺生产苯胺，可消除铁泥渣的产生（表 13-3）。

表 13-3　采用流化床催化加氢法代替铁粉还原法生产苯胺的新旧工艺对比

能源消耗	旧工艺	新工艺
废渣量	2500kg/t 产品	5kg/t 产品
蒸汽消耗	35t/t 产品	1t/t 产品
电耗	220kW·h/t 产品	130kW·h/t 产品 苯胺收率达到 99%

② 采用高效催化剂提高反应选择性和产品收率，也可提高产量、减少副产物生成量和污染物排放量。

例如，丁二烯生产的丁烯氧化脱氢装置原采用钼系催化剂，由于转化率、选择性低，污染严重。后改用铁系 B-02 催化剂，选择性由 70% 提高到 92%，丁二烯收率达到 60%，因而大大地削减污染物排放量（表 13-4）。

表 13-4　丁烯氧化脱氢废水排放对比（以生产 1t 丁二烯计）

催化剂名称	废水量 /(t/t)	COD /(kg/t)	—C=O /(kg/t)	—COOH /(kg/t)	pH 值
铁系 B-02 催化剂	19.5	180	12.6	1.78	6.32
钼系催化剂	23	220	39.6	30.6	2~3

③ 在工艺技术改造中应尽量采用先进技术和大型装置。

以乙烯生产为例，乙烯装置的废水排放量与装置的规模、工艺设备类型以及原料种类有密切关系。不同规模和原料乙烯装置的废液排放数据比较见表 13-5。

表 13-5 不同规模和原料乙烯装置的废液排放数据比较

生产规模 /($\times 10^4$t/a)	裂解炉类型	原料	工艺废水 /(t/t)	废碱液 /(t/t)	其他废水 /(t/t)
30	管式炉	轻柴油	0.23～0.28	0.01～0.02	含硫废水 0.1～0.15
11.5	管式炉	轻柴油	3.48	0.173	
7.2	砂子炉	原油闪蒸油	2.22	0.11	
0.6	蓄热炉	重油	4.0	1.5～2.5	排砂废水 22.4

（二）工艺设备改进

例如，北京某石油化工厂乙二醇生产。

经过设备改造后，该厂废水量削减 3.2×10^4t/a，COD 负荷削减 470t/a，每年可减少污水处理费 20.8 万元。此外，因提高产品收率，每年可多回收产品 384t，价值 123.84 万元，并且年节约物料价值 31.17 万元。

三、原料的改变

原料改变包括：
① 原材料替代（指用无毒或低毒原材料代替有毒原材料）。
② 原料提纯净化（即采用精料政策，使用高纯物料代替粗料）。

四、产品的改变

① 产品性能改善。
② 产品配方改变。

五、废物的厂内再生利用技术

废物再生利用主要有以下两种方式：
① 废物利用与重复利用。
② 再生回收。
废物再生利用应注意以下两点：
① 首先考虑将废物在本厂内就地回收利用。
② 尽可能考虑全厂集中回收。

第四节　循环经济

一、循环经济的基本概念

循环经济是物质闭环流动型经济的简称。20 世纪 90 年代在可持续发展战略的影响下，人们认识到当代资源枯竭和环境问题日益恶化是人类以高开采、低利用、高排放为特征的线性经济模式造成的。为此提出应在资源环境不退化甚至得到改善的情况下促进经济增长，应该建立一种以物质闭环流动为特征的经济，即循环经济。

线性经济的模式：资源→产品→废物。

循环经济的模式：资源→产品→再生资源。

循环经济与线性经济的根本区别表现在：线性经济的经济活动为高开采、低利用、高排放；循环经济的经济活动为低开采、高利用、低排放。

二、循环经济的基本原则

循环经济遵循"3R"原则：减量化（Reduce）；再利用（Reuse）；再循环（Recycle）。

减量化原则：要求用最少的原料和能量进行生产活动，特别是控制使用有害、有毒物质；减少进入生产和消费流程的物质量，属于输入端方法。

再利用原则：要求产品和包装容器能够以初始形式被多次使用和反复使用，它属于过程性方法，目的是延长产品和服务的时间强度。

再循环原则：通过把废物再次变成资源以减少最终处理量，最大限度利用资源，它属于输出端方法。

三、循环经济的产业体系的特征

循环经济的产业体系需要具备以下特征：

① 在开发新产品时，不仅要注意产品的质量、成本，而且要尽可能地减少原材料的消耗和选用能够回收再利用的材料和结构。

② 对商品不要过分包装，包装材料和容器应尽可能使用可以回收再利用的包装材料和容器。

③ 生产过程中要尽可能减少废物的排出，同时对最终所排废物要尽可能予以回收利用，而有毒、有害的废物必须及时进行无害化处理。

④ 提倡在产品消费后尽可能进行资源化回收再利用，使得最终对废物的填埋和焚烧处理量降低到最小。

⑤ 要尽可能使用可再生资源和能源，如太阳能和风能、潮汐能、地热能等绿色能源，减少使用污染环境的能源、不可再生资源和能源。

循环经济本质上是一种生态经济，它运用生态学规律指导人类社会的经济活动。生态工业园区是继经济开发区、高新技术产业开发区发展后的第三代产业园区。生态工业园区是一个包括自然、工业和社会的地域综合体，是依据清洁生产和循环经济等理论而设计成的一种新型工业组织形态，是生态工业的聚集场所。生态工业园区通过成员之间的副产品和废物的交换、能量和废水的梯次利用、基础设施的共享来实现园区经济效益和环境效益的协调发展。

生态工业示范园区是工业企业集中区发展循环经济的具体体现。国家生态工业示范园区现有 25 个，主要有三种类型：具有行业特点的生态工业园区，制糖、造纸、化工、钢铁、冶金等行业；具有区域特点的生态工业园区，对现有经济技术开发区或高新技术开发区进行生态化改造的工业园区；以及新规划建设的生态工业园区——静脉产业园区。

丹麦在发展面向共生企业的循环经济——生态工业园的建设和发展方面作出了典范。丹麦的卡伦堡（Kalundborg）案例是被许多人提及的工业共生案例（图 13-1），被称为工业生态学中的经典范例，至今仍成功运行着；各企业通过协商方式相互利用对方生产过程中产生的废弃物或副产品，作为自己生产中的原料或者替代部分原料，从而建立了一种和谐复杂的互利互惠的合作关系。

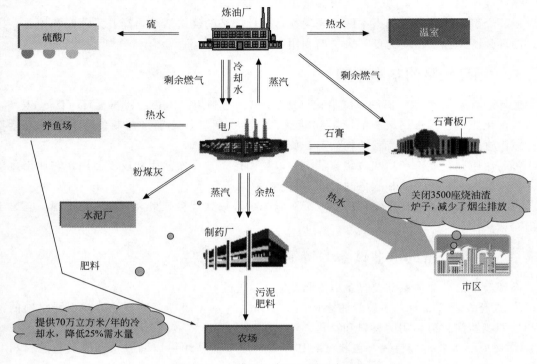

图 13-1　卡伦堡生态工业园区产业链

生态工业园区系统不足之处有以下五个方面：

① 生态工业园区系统受到刚性的制约，管道运输只适合于固定伙伴之间固定的废料交换。

② 如果园区中某个企业要改变生产方式，或者只是一个伙伴很简单地要终止它的业务，那么，就可能造成某种废料不足，而整个交换系统会受到严重干扰。

③ 购买固定废料的企业的工艺流程很难承受向它们提供的原料在性质上或在构成方面的变化。

④ 经济上的不合理。

⑤ 很难将中小企业整合进共生系统，主要是因为它们的生产量和对副产品的吸收量都相当小。

第十四章　化工重大生产安全事故案例分析

案例一　某化工公司硝基复合肥试生产较大燃爆事故分析

2015 年，某化工公司硝基复合肥试生产发生燃爆事故，造成 5 人死亡，2 人受伤，直接经济损失 469.28 万元。

一、事故经过

造粒主操曹某在操作室发现 1# 混合槽温度达到 201℃，随着硝酸铵溶液的进入，温度缓慢下降，但曹某未将这一情况向三班班长张某报告。张某在接班时未将 1# 混合槽温度超高的情况告知一班班长杨某，也未向车间主任林某报告。林某发现 2# 混合槽温度偏高（190～200℃）后未引起重视，安排好工作人员后离开，并将此事告知工艺员梁某，梁某虽进行处理但未解决问题，发现有料浆沿着墙壁流下，并伴有黑烟随后听到一声闷响，发生燃爆。

二、事故原因和性质

（一）直接原因

1# 混合槽物料温度高于工艺规程控制上限 175℃长达 1h19min，且物料停留时间过长，导致物料中硝酸铵受热分解，温度持续上涨，1# 和 2# 混合槽相继冒槽，料浆流至 100.5 米层和 96 米层平台，发生高温分解燃爆。

（二）管理原因

事发公司安全生产主体责任不落实，未批先建，违规组织项目建设和试生产，是事故发生的主要原因。

① 安全意识淡薄，安全法规、制度不落实。该公司安全生产主体责任不落实，未设置专门的安全管理机构；未认真贯彻执行国家有关安全生产的法律、法规和危险化学品生产、储存建设项目的有关规定。

② 设施设计存在缺陷。工艺流程设计中物料投放顺序不正确。

③ 未严格执行试生产规定。

④ 教育培训不到位。新装置投用前安全操作培训不到位，从业人员不熟悉作业场所和工作岗位存在的危险因素和职业危害，缺乏异常工况识别判定、应急处置、避险避灾、自救互救的技能和方法。

（三）事故性质

经调查认定：该化工有限公司硝基复合肥试生产较大燃爆事故是一起生产安全责任事故。

案例二　某石化公司三苯储罐爆炸事故分析

2013 年，某石化公司第一联合车间三苯罐区小罐区杂料罐在动火作业过程中发生爆炸，泄漏物料着火，并引起三个储罐相继爆炸着火，造成 4 人死亡，直接经济损失 697 万元。

一、事故发生经过

施工人员林某使用气焊等工具对已腐蚀的仪表小平台板进行拆除时，储罐突然发生爆炸着火，罐体破裂，着火物料在防火堤中漫延，随后三个储罐相继爆炸着火。

二、事故原因和性质

（一）直接原因

林某公司作业人员在罐顶违规违章进行气割动火作业，切割火焰引燃泄漏的甲苯等易燃易爆气体，回火至罐内引起储罐爆炸。

（二）管理原因

① 事发公司非法分包给没有资质的公司，以包代管、包而不管，没有对现场作业实施安全管控。

② 事发公司动火管理和对承包商的管理、监督严重缺失。公司员工安全意识淡薄，违章动火；未对现场作业实施有效的安全管控。

（三）事故性质

经调查认定：该石化公司三苯储罐爆炸事故是一起生产安全责任事故。

案例三　某化工公司较大爆燃事故分析

2016 年，某化工公司年产 3.5 万吨双氧水（50%）项目在试生产过程中发生爆燃事故，造成 3 人死亡，1 人轻伤，初步估计直接经济损失 1500 万元左右。

一、事故经过

氧化工作液碱性超标，刘某对氧化工作液进行紧急加酸处理时，发生了爆炸。

二、事故原因和性质

(一) 直接原因

氧化塔中的氧化工作液（主要成分为：2-乙基蒽醌、重芳烃、双氧水和磷酸三辛酯等）呈碱性（要求氧化液呈弱酸性）。在进行紧急停车后，刘某对其危险性认识不足，企图回收利用不合格工作液，违规将氧化工作液泄放至酸性储槽中，并打开酸性储槽备用口添加磷酸，企图重新将氧化工作液调成酸性，致使酸性储槽中的双氧水在碱性条件下迅速分解并放热，产生高温和助燃气体氧气，引起密闭的储槽容器压力骤升而爆炸，同时引燃了氧化工作液，造成爆燃事故。

(二) 管理原因

事发公司管理人员在生产过程中违章指挥，技术人员、岗位操作人员未严格按照岗位操作规程进行操作。

(三) 事故性质

经调查认定：该化工公司较大爆燃事故是一起因企业安全责任不落实，违章指挥、违章操作引起的生产安全较大责任事故。

案例四 某公司危化品仓库特别重大火灾爆炸事故分析

2015年，某公司危化品仓库发生特别重大火灾爆炸事故，造成165人遇难，直接经济损失68.66亿元。

一、事故经过

2015年，某公司危化品仓库集装箱内的硝化棉自燃，引起相邻集装箱内的硝化棉和其他危险化学品长时间大面积燃烧，导致堆放的硝酸铵等危险化学品发生爆炸，相邻建筑被摧毁。

二、事故原因和性质

(一) 直接原因

集装箱内的硝化棉由于湿润剂散失出现局部干燥，在高温天气等因素的作用下加速分解放热，积热自燃，引起周围硝化棉燃烧，放出大量气体，箱内温度、压力升高，致使集装箱破损，大量硝化棉散落到箱外，形成大面积燃烧，其他集装箱（罐）内的多种危险化学品相继被引燃，火焰蔓延到邻近的硝酸铵（在常温下稳定，但在高温、高压和有还原剂存在的情况下会发生爆炸）集装箱。随着温度持续升高，硝酸铵分解速度不断加快，达到其爆炸温度。

(二) 管理原因

事发公司在未取得立项备案、规划许可、消防设计审核、安全评价审批等手续的情况下，在普通仓储违法违规自行开工建设危险货物堆场，且无证违法经营和储存危险货物。

（三）事故性质

经调查认定：该公司危化品爆炸事故是一起重大违法违规经营责任事故。

案例五　某化工公司双氧水氢化塔较大爆炸事故分析

2015 年，某化工公司双氧水装置氢化塔发生爆炸事故，造成 4 人死亡，2 人受伤，直接经济损失 488.2 万元。

一、事故经过

公司卸出下塔和中塔的催化剂，对中塔新催化剂进行填装，李某等人由氢化塔下塔上部人孔进入下塔，对分配器、分配盘等进行检查，下塔发生爆炸。

二、事故原因和性质

（一）直接原因

企业有关人员没有采取有效隔绝、置换措施，就进入氢化塔下塔作业。塔底排凝管线球阀和氮气进口管线（即变更后的中塔纯氢进口管线）截止阀内漏，氢气串入塔内，与从上部人孔进入的空气混合，遇点火源发生爆炸。

（二）管理原因

① 特殊作业管理不到位，员工进入氢化塔下塔内受限空间，未办理安全作业审批手续，作业前未对受限空间进行安全隔绝、清洗置换和气体浓度监测。调查发现，事故发生之前企业屡有不办理有关票证手续、进入受限空间实施作业的行为。

② 设备维护管理不到位。双氧水装置自投入运行后，没有定期组织大修，没有对阀门等设备、设施进行经常性维护、保养和定期检测。在发现存在阀门内漏的情况下，没有及时采取有效措施，导致氢气因阀门内漏串入氢化塔下塔内。

（三）事故性质

经调查认定：该化工公司双氧水氢化塔较大爆炸事故是一起生产安全责任事故。

案例六　某烯烃厂乙二醇车间爆炸事故分析

2015 年，某烯烃厂乙二醇车间发生爆炸事故，造成 T-430 精馏塔中部解体，装置附近部分构筑物受损，1 人受伤。

一、事故经过

烯烃厂乙二醇车间 T-430 塔再沸器的封头法兰处出现泄漏，出现明火，随即再沸器与上管箱法兰接口处发生闪燃，T-430 塔内发生爆炸，塔中部炸裂解体，上部坠落。

二、事故原因和性质

（一）直接原因

T-430 塔内环氧乙烷发生水解、聚合、裂解链反应，大量放热，导致塔内化学爆炸。同时，再沸器燃烧对 T-430 爆炸起到了促进作用。

（二）管理原因

规章制度执行不到位，当班人员未将突发情况及时向厂调度报告。压力测量仪表系统存在设计缺陷，T-430 压力测量系统 DCS、SIS 显示仪表设置在同一根导压管上，不符合行业规范的要求，未及时对 T-430 仪表系统进行升级改造。

（三）事故性质

经调查认定：该石化公司烯烃厂乙二醇车间爆炸事故是隐患排查不彻底、现场检查不认真、操作指挥失误、应急处置失当等导致的生产安全责任事故。

案例七　某医药化工公司反应釜超压爆炸事故分析

2017 年，某医药化工公司反应釜超压爆炸事故，造成 3 人死亡，直接经济损失 400 多万元。

一、事故经过

事发公司员工由于 24h 上班，身体疲劳，在岗位上睡觉，错过了投料时间，本应在晚上 11 时左右投料，而却在凌晨 4 时左右投料，在滴加浓硫酸 20～25℃保温 2h 后，交接给下一班（白天班）。下一班未进行升温至 60～68℃并保温 5h 操作，就直接开始减压蒸馏，蒸了约 20min，发现没有甲苯蒸出，操作工继续加大蒸汽量（使用蒸汽旁路通道，主通道自动切断装置失去作用）强行蒸馏而发生爆炸。

二、事故原因和性质

（一）直接原因

开始减压蒸馏时甲苯未蒸出，当班工人擅自加大蒸汽开量且违规使用蒸汽旁路通道，致使主通道气动阀门自动切断装置失去作用。蒸汽开量过大，外加未反应原料继续反应放热，釜内温度不断上升，超过反应产物的分解温度 105℃。反应产物急剧分解放热，体系压力、温度迅速上升，最终导致反应釜超压物理爆炸。

（二）管理原因

① 事发公司对蒸汽旁通阀管控不到位，致使反应釜温度和蒸汽联锁切断装置失去作用。

② 对夜班工人睡岗现象失察失管，致使错过投料时间。

③ 对从业人员安全意识、责任风险意识教育培训不到位，致使车间操作工

人违反操作规程、变更生产工艺流程。

(三) 事故性质

经调查认定：该医药化工公司反应釜超压爆炸事故是较大等级的生产安全责任事故。

案例八　某化学公司混二硝基苯装置重大爆炸事故分析

2015 年，某化学公司混二硝基苯装置在投料试车过程中发生重大爆炸事故，造成 13 人死亡，25 人受伤，直接经济损失 4326 万元。

一、事故经过

2015 年，某化学公司硝化装置投料试车。为防止硝化再分离器中混二硝基苯凝固，车间人员在硝化装置二层用胶管插入硝化再分离器上部观察孔中，试图利用"虹吸"方式将混二硝基苯吸出，但未成功。操作人员到装置一层，将硝化再分离器下部物料放净管道上的法兰（位置距离地面约 2.5m 高）拆开，二层的操作人员打开了位于装置二层的放净管道阀门，造成了硝化再分离器中的物料自拆开的法兰口处泄出。先是有白烟冒出，继而变黄、变红、变棕红。见此情形，部分人员撤离了现场。放料 2～3min 后，预洗机与硝化再分离器中间部位出现直径 1m 左右的火焰，硝化装置发生爆炸。

二、事故原因和性质

(一) 直接原因

公司车间负责人违章指挥，安排操作人员违规向地面排放硝化再分离器内含有混二硝基苯的物料，混二硝基苯在硫酸、硝酸以及硝酸分解出的二氧化氮等强氧化剂存在的条件下，自高处排向一楼水泥地面，在冲击力作用下起火燃烧，火焰炙烤附近的硝化机、预洗机等设备，使其中含有二硝基苯的物料温度升高，引发爆炸。

(二) 管理原因

① 违法建设。该公司在未取得土地、规划、住建、安监、消防、环保等相关部门审批手续之前，擅自开工建设。

② 违规投料试车。未组织试车方案审查和安全条件审查，未成立试车管理组织机构，违规边施工、边建设、边试车，试车厂区违规临时居住施工人员，未严格按照相关规定开展工艺设备及管道试压、吹扫、气密、单机试车、仪表调校等试车前准备工作。

(三) 事故性质

经调查认定：该化学公司混二硝基苯装置重大爆炸事故是一起重大生产安全责任事故。

第十五章　危险化学品突发环境事件处置方法及案例分析

第一节　危险化学品突发环境事件处置方法

一、危险化学品事故类型

危险化学品事故类型主要有以下三种。

（1）泄漏事故

泄漏是最常见的危险化学品事故，其中，压缩液化气体所造成的事故在所有泄漏事故中占据很大比例。因存储压缩液化气体时需加压处理，当设备存在细微裂纹、螺丝松动、密封圈老化、管路焊接不良等情况时，均可引发泄漏事故。另外，多数易燃液体分子为非极性分子，黏度较小，易于流动，只要容器出现微小裂缝，就可渗出、扩散，造成污染。

（2）爆炸事故

爆炸主要由压缩液化气体及易燃液体所致，部分腐蚀品如 HCl、H_2SO_4 等也会造成爆炸事故。大多数易燃液体燃点较低，且部分具有较强的挥发性，当易燃蒸气与空气混合超出爆炸极限并遇到明火时，便会立即引发爆炸。

（3）火灾事故

火灾主要由易燃、自燃物品所致，事故发生时往往会伴随泄漏、爆炸事件，危害巨大。

二、危险化学品事故原因分析

危险化学品事故的诱因是多种多样的，主要有违章操作、管理不善、工艺缺陷、设备老化、交通事故等。相关统计表明，违章操作及管理问题所造成的事故占比最大，超过30%；其次是危险化学品运输车辆交通事故所导致的应急事件，其占比超过20%。

危险化学品的生产、运输、使用过程均涉及人工操作，而部分操作人员安全意识不高，操作时未能按照规定标准实施，且相关监督工作未落实到位，直接导致危险化学品突发事件的发生。在我国，一部分中小危险化学品从业单位，安全规章形同虚设，违章指挥、违章作业情况比较严重，有的甚至不具备安全资质，非法生产经营。另外，某些化工企业在安全教育方面力度不足，员工的安全知识、专业操作水平较低，对危险化学品缺少专业化的处理能力，发生突发事件时无法对涉及的危险化学品进行妥善处置，导致事件持续扩大。在危险化学品运输过程中，部分企业为降低运输成本，出现超载运输、疲劳驾驶行为，导致交通事故并引发危险化学品泄漏事件，给环境造成严重影响。

三、危险化学品突发环境事件应急处置方法

（一）大气污染处置方法

大气污染处置方法有：

① 洗消法。洗消法可对大气环境中存在的毒害物质进行有效处理，降低或消除其对环境的危害。如在氯化物爆炸事故中，可在灭火剂中置入碱性物质，通过中和反应将氯化物转变为无毒废水。

② 燃烧法。燃烧法是大气污染事故应急处置中最为常用的方法。通过燃烧处理，可将污染物转变为无毒物质，有效降低其危害性。如在硫化氢泄漏事故中，通过燃烧可将其转变为水与 SO_2，部分 SO_2 溶于水中生成 H_2SO_3，其危害性得到大幅度降低。

（二）土壤污染处置方法

出现土壤污染事故时，需结合污染物的化学性质进行针对性处理。若出现苯类物质污染，可采取燃烧方式处理；对于挥发性化学污染，先对土壤进行隔离，再进行深耕，直到污染源充分挥发；酸类或碱类物质污染可使用对应的碱或酸进行中和，将土壤 pH 控制在正常范围内。

（三）水污染处置方法

水污染事件处置方法有吸附法、生物修复法、化学处理法及物理法四类。

（1）吸附法

通过采用具有巨大比表面积的吸附剂，将水中的污染物转移到吸附剂表面，再将吸附剂回收，可用于处理大部分有机污染物。例如，水域中存在苯类污染物质时，由于苯类物质难溶于水，可使用活性炭对其进行吸附处理，避免污染物扩散。

（2）生物修复法

水环境受污染时会对水体水质造成一定影响，导致微生物无法正常生长繁殖。通过生物修复法可对污染物进行降解，将其转变为无害物质，从而对水质进行净化，恢复水体的自我调节功能。

（3）化学处理法

根据污染物的化学性质投入适当的化学药剂（如酸、碱、氧化还原剂、硫化物等），在适合的条件下使污染物形成化学沉淀，并借助混凝剂形成的矾花加速沉淀，可用于处理大部分金属和部分非金属等无机污染物。

（4）物理法

对难以吸附和氧化的挥发性污染物，如卤代烃类等，在取水口外水源地设置应急曝气设备，可吹脱去除。曝气吹脱技术的优点是不会引入新的污染物，主要缺点是需要设置曝气设备，应用受到现场条件限制，对污染物的去除效果受物质性质和曝气强度影响。

总之，危险化学品突发事件是由多种因素导致的，在实际应急处置过程中，需结合污染

物属性及环境状况，及时采取针对性措施进行处置，以控制污染物扩散，使环境破坏程度降到最低。政府相关部门应制定应急处理预案，按期组织危险化学品泄漏突发环境事件应急演练演习。

第二节　危险化学品突发环境事故案例分析

案例一　输油管道泄漏事故分析

一、基本情况

某年 1 月 13 日，某输油管发生原油泄漏，约 10t 原油流入南溪河，3km 河段 5 万平方米水面受污染。受污染河段下游 1km 为备用饮用水源赤坎水库。

二、主要工作

（一）安全生产事故处置阶段

成立抢险指挥部；紧急关闭管线两端油阀，快速封堵漏油点；紧急疏散周边 8000 村民；封堵受污染河段；封闭道路、疏导交通，管制周边 3km 火源；消防警戒，泡沫覆盖两侧漏油。

（二）污染处置阶段

成立应急处置联合指挥部；设 3 道围油栏、3 道拦截坝，堵截上游来水，处理下游 15 万立方米受污染水体；清除受污染河床淤泥、堤岸植物植被；24h 监测水质。全市出动抢险救援人员 3000 多人、消防车 18 台、沙包 1 万只、抽水泵 10 多台，铺设排污水管道 1.3 万米。清运油水混合物 460t，清运、抽排含油污水 3 万吨，含油废物 110t。

（三）大面积降雨抢险阶段

26～28 日，小到中雨，给已拦截 10 多天有大量积水的上游带来巨大压力，可能引发上游溃坝、决堤，冲击下游油水混合物。湛江市动员所有救援力量（公安边防支队、武警支队等），全线进入"赤坎水库保卫战"。

（四）理赔补偿阶段

28 日，成立理赔核查小组，评估损失并开展补偿工作。

（五）发布新闻，引导舆情

1 月 13 日、14 日、18 日、29 日共召开 5 次新闻发布会。

案例二　某炼化公司火灾事故分析

一、基本情况

某年 7 月 11 日，某炼化公司于 4 时 10 分着火，7 时 10 分灭火，为防止装备爆炸，消防喷水至 18 时，用水量达 5.8 万立方米，当晚两场暴雨，消防水溢流出厂，造成岩前河污染和死鱼，威胁大亚湾海域水质。

二、现场指挥和监察情况

① 组织 11 台槽罐车、5 台消防车将应急池废水转运至石化区污水厂；用水泵向南厂区污水厂转输（400m³/h）。

② 截断事故核心区雨水沟，将污染最重的 150m 雨水沟内 800m³ 污水，采用吸油毡吸附后，用罐车运送至污水厂。

③ 对 1、2 号防火围堰内存放 1.3 万立方米消防水，用吸油毡收油，同时打通与 3、4 号防火围堰底部，降低溢出风险。

④ 做好应急池围堰和厂界防泄漏扩散工作。利用沙袋加高应急池围堰、厂界，防止再次降雨对外环境造成污染。

7 月 13 日，在岩前河两道围油栏之间修筑活性炭坝，投聚丙烯酰胺沉淀剂至 8 月 11 日，历时 1 个月，应急池废水才处置完毕。

三、环境监测情况

大气：在厂界及周边，重点监测 COD、苯系物、非甲烷总烃、PM10。

水质：7 月 11 日 20：00，应急池和岩前河苯系物、石油类、COD、酚超标，最高的甲苯超标 34 倍。海水由海洋部门监测。18 日应急监测终止。

四、消防废水外溢原因

（1）消防降温持续 14h

消防水量 5.8 万立方米，超过设计最大事故用水和初期雨水总量以及应急池的容量极限（5.7 万立方米）。一般消防灭火以及冷却时间不超过 6h，但这次却长达 13h。最多时广州深圳东莞调集 84 辆消防车，消防水达 2m³/s（7200m³/h）。

（2）短时间内两场强降雨

厂区降雨量 6.8 万立方米，且企业厂区集雨面积大，雨水沟地势低，导致大量雨水和消防水漫过雨水沟，出厂初期雨水没有分区，厂区所有装置的初期雨水都进入应急池是消防废水外溢的原因。

（3）对强降雨影响估计不足

7 月 11 日中午，省厅了解到当天有强降雨，要求企业做好应急准备。15：00，当地三防办也发布强降雨预报。企业对消防废水量、应急池储存能力、降雨强度等引发环境风险估计不足，未做好应对准备

（4）企业环境预警考虑不周，处置措施不力

接到天气预报后，企业没有预计到强降雨会造成地面溢流。降雨后，企业没有考虑在厂界内和雨水沟周围设置围堰。

（5）企业应急管理不到位，应急设备能力不够

事发前应急池已储存 1 万立方米的水。企业防爆大功率抽水泵能力不足，事故期间不能及时调集防爆水泵，无法实现从北厂向南厂应急池快速转移，致使南厂区 2.4 万立方米应急池没有充分发挥作用。

（6）石化区应急预案不够完善

区内企业的应急设施没有综合利用、资源共享，防止意外排海污染的相关设施和物资不足。

五、主要整改措施

（一）加强监测预警

① 对所有设置密封油罐的泵进行排查，整改所有不规范报警装置。

② 排查全厂视频监控系统，在泵区等关键位置增设视频。

③ 调整可燃气、毒害气体监测报警仪的报警限值，提高灵敏性。

④ 在外操室增设视频监控终端，让外操也能够看到现场生产情况采取工程措施。

（二）完善应急设施

① 完善雨水排放系统。

② 排查全厂高温热油泵，全部设置进出口快速切断阀。加强日常管理和巡查。

③ 加强设备管理，完善管理制度，加强保运维护，禁止设备带病运行，坚持日事日毕，事不过夜，保证设备处于完好备用状态。加强日常管理和巡查。

④ 持续开展隐患排查治理，把事故消灭在萌芽状态，防患于未然。

⑤ 执行交叉不间断巡检制度，及时发现、处理问题。

⑥ 加强员工安全培训，提高员工的安全技能和警惕性。

⑦ 及时采用最新有效标准、规范、工艺卡片、操作规程等，确保制度无漏洞。

⑧ 加强消防培训和演练，提高消防队员的实战能力。

⑨ 制订应急响应卡，提高应急响应能力，同时制订员工工作卡，提高工作的计划性和执行力。

⑩ 完善逐级汇报制度，确保现场异常情况及时报告并处置。

⑪ 完善环境应急预案，开展预案评估和备案工作。

六、经验启示

（一）企业应做好环境风险防范工作

应急预案、风险隐患排查、应急物资、应急池等。

（二）严防生产安全事故转化为环境污染事件

生产安全事故发生后，快速准确阻断泄漏物进入外环境是处置的关键。此次事故应对贯彻了"防止泄漏物进入外环境"这一思想，采取了综合而有序的措施，分轻重缓急对污染源附近的雨水沟内高浓度消防废水和雨水现行处置，同时分别降低应急池、雨水沟、围堰水位，此外还对厂界进行补缺加高，有效降低了降雨造成泄漏物进入外环境的风险。

（三）加强石化园区企业之间联动

石化园区内企业之间加强沟通，建立联动互助机制。一旦发生突发事件，可以临时使用相邻企业的事故应急池，调用应急物资，迅速控制事态扩大。

（四）加强石化园区环境应急管理工作

完善区域应急预案；协调区内相关企业的应急设施实现综合利用、资源共享；完善环境风险防控设施，储备应急物资。

案例三　某铝业公司河涌油污爆燃事故分析

一、事故基本情况

某年 4 月 5 日，某铝业公司挤压机传动杆密封阀破裂，泄漏几吨污油，其中 50kg 通过市政下水道流入三丫涌（地名），16 时 30 分，村民焚香致 80m 长河涌杂草和水面油污爆燃。

二、处理情况

当地政府组织工业园、消防、安监、环保部门进行如下处置工作：
① 灭火。
② 责令肇事公司立即堵塞挤压车间渗油口，检修所有挤压机械，设置防渗围堰。
③ 专业公司清理受污染河段油污。
④ 环保水质监测；加强企业监督，罚款 20 万。

三、事件影响

无人员伤亡，不影响饮用水源，但社会影响大。

四、事件启示

① 及时报送信息，媒体报道无小事。
② 多渠道收集突发事件信息。
③ 企业生产设施设置围堰，做好污染第一道防线。

案例四　某化工企业苯胺泄漏事故分析

一、事故概述

（一）事故发生情况

7 时 40 分，企业巡检人员发现，苯胺库区往成品罐输送苯胺的软管爆裂，苯胺沿着雨水系统进入厂外排污渠，入浊漳河，当天 18 时，市环保局接报泄漏苯胺 1～1.5t，报送市政府后由企业自行处理。

1月5日，企业报告泄漏量为8.68t，省厅接到环保部通报，市政府书面报告省政府，省政府报告国务院。

（二）事故处置情况

"堵、疏、清、拦、测、告"，约30t苯胺被堵截在企业下游的水库，8.68t流入浊漳河。通过在排污渠及沿线设置拦截坝，活性炭吸附清理，铺撒石灰等方式进行断源截污、控制蔓延，同时加强水质监测，在河沿岸设立警示标志，告知不要饮用河水。几千人参与清污，包括驻市部队、武警、民兵、预备役人员和工人。周边城市停止从岳城水库取水，还紧急在洹河上修建了3道活性炭过滤坝。

附录 某地危险化学品突发环境事件 应急预案实例

一、总则

（一）编制目的

为进一步加强危险化学品道路运输环境安全监管，快速、科学处置可能发生的突发环境事件，最大限度地减轻污染危害，确保环境安全，特制订本预案。

（二）编制依据

① 《中华人民共和国突发事件应对法》（自 2007 年 11 月 1 日起施行）。

② 《国家突发公共事件总体应急预案》（2006 年 1 月 8 日发布）。

③ 《国家突发环境事件应急预案》（2006 年 1 月 8 日发布）。

《危险化学品安全管理条例》。

（三）基本原则

危险化学品道路运输突发环境事件处置，遵循快速反应、统一指挥、分级响应、协同应对、条块结合、以块为主、措施科学、信息共享的原则。

（四）适用范围

本预案适用于危险化学品道路运输事故引发的各类突发环境事件应急处置。

（五）事件分级

按照突发环境事件严重性和紧急程度，突发环境事件分为重大（Ⅰ级）、较大（Ⅱ级）和一般（Ⅲ级）三级。

1. 重大（Ⅰ级）突发环境事件

凡出现下列情形之一的，为重大突发环境事件：

① 因危险化学品道路运输造成环境污染直接导致 3 人以上 10 人以下死亡或 50 人以上 100 人以下中毒的。

② 因危险化学品道路运输造成环境污染需疏散、转移群众 1 万人以上 5 万人以下的。

③ 因环境污染造成直接经济损失 2000 万元以上的。

④ 因危险化学品道路运输造成区域生态功能丧失或国家重点保护物种灭绝的。

⑤ 因危险化学品道路运输造成市（州）级城市集中饮用水水源地取水中断的。

⑥ 重金属污染或危险化学品在生产、储运、使用过程发生爆炸、泄漏等事件，或因倾

倒、堆放、丢弃、遗撒危险废物等造成的突发环境事件发生在国家重点流域、国家级自然保护区、风景名胜区或居民聚集区、医院、学校等敏感区域的。

⑦ Ⅰ类、Ⅱ类放射源丢失、被盗、失控造成大范围环境影响，或进口货物严重辐射超标的事件。

⑧ 跨市（州）突发环境事件。

2. 较大（Ⅱ级）突发环境事件

凡出现下列情形之一的，为较大突发环境事件：

① 因危险化学品道路运输造成环境污染直接导致 3 人以下死亡或 10 人以上 50 人以下中毒的。

② 因危险化学品道路运输造成环境污染需疏散、转移群众 5000 人以上 1 万人以下的。

③ 因环境污染造成直接经济损失 500 万元以上 2000 万元以下的。

④ 因危险化学品道路运输造成国家重点保护的动植物种受到危害的。

⑤ 因危险化学品道路运输造成乡镇集中式饮用水水源地取水中断的。

⑥ Ⅰ、Ⅱ类放射源丢失、被盗、失控造成较大范围环境影响，或进口货物严重辐射超标的事件。

3. 一般（Ⅲ级）突发环境事件

除重大突发环境事件、较大突发环境事件以外的突发环境事件。

二、组织领导和职责分工

（一）指挥组织

政府成立危险化学品道路运输突发环境事件应急领导小组（以下简称应急领导小组），负责危险化学品道路运输突发环境事件应急工作的组织、协调、指挥和调度。

（二）领导小组职责

应急指挥部办公室统一领导危险化学品道路运输突发环境事件应急工作。负责指挥、调度、协调、督查、指导有关单位危险化学品道路运输突发环境事件预防及应急处置工作；组织协调会议，传达应急指挥部工作部署，收集汇总分析应急处置信息，向应急指挥部及成员单位通报工作情况；组织专家等对危险化学品道路运输突发环境事件进行分析评估，制订应急措施，提出控制污染和防止事态扩大的建议。负责危险化学品道路运输突发环境事件处置和调查，协调突发环境事件处置和救援预案实施，负责突发环境事件有关信息的统一发布。

危险化学品泄漏突发环境事件发生后，应急领导小组组长指派副组长及其他成员赶赴事故现场指导和协调进场施救，参与事发地方政府组建的环境应急现场指挥组。

（三）有关部门职责

（1）公安部门

按照事故现场救援指挥组的指令，负责事故现场的安全保卫，治安管理和交通疏导工作；协助卫生、消防等部门营救受伤人员，组织疏导和撤离危险区域内的无关人员；根据相关指令，结合事故现场情况，设置警戒区，严格管制进出事故现场的人员和车辆，预防和打击各种破坏活动，维护社会治安；采取有效措施控制肇事者及相关嫌疑人；负责事故涉及路段的交通管制工作，采取积极分流措施，避免次生事故发生。

（2）消防部门

负责实施现场抢险救灾，第一时间赶赴现场，将事故伤者转移到危险区域以外；在事故原因及事故车辆所载的危险化学品性质特征未查明的情况下，采取必要手段有效控制事故灾害的蔓延，会同安监、环保部门对危险化学品的性质特征进行分析，采取正确的施救方法，直至完全控制灾情。

（3）交通部门

负责加强危险化学品运输企业经营资质管理，危险化学品运输车辆综合性能检测及道路运输证管理，从业人员从业资格证管理，规范危险化学品运输市场秩序；加强途经水库、水源地及河流等重要路段安全设施建设，健全警告警示限速标志、减速带、标线及防撞护栏、护墩、护坪、护墙、避险车道，实施公路安保工程和事故多发路段整治工程；协同公安、环保等部门做好危险化学品道路运输突发环境事件应急救援工作，组织应急运输车辆，为应急救援物资、疏散人员提供道路运输保障；协同安监部门对事故车辆装载危险化学品驳载、转移，并对已污染的土壤及水域进行修复，妥善处置事故车辆；参与危险化学品运输突发环境事件调查处理工作。

（4）安监部门

根据危险化学品道路运输事故类别，协调有关部门及当地政府、企业提供各类应急装备器材，包括后勤保障工作；负责提出相关处置措施，解决救援过程中的专业技术性问题；负责指定危险化学品运输的事故车辆的临时停放场所，对妥善处置事故车辆提供专业指导。

（5）环保部门

负责对事故现场被污染的土壤、水源、空气等进行监测，及时提供确切的环境破坏程度指数，为正确救援和防止扩散提供翔实依据；组织对危险化学品泄漏事故可能诱发的次生环境污染事故的防控工作。

（6）卫生部门

负责危险化学品的毒性鉴定和危险化学品事故伤亡人员的医疗救护工作；做好防护指导，组织实施受污染区域卫生防疫工作。

（7）水利部门

配合交通部门对城乡水源地、水库、河流等水环境敏感区域内的公路设立警示标志；负责水库、河道污染源的截流，协助进行污染治理，及时提供有关水文资料，参与开展地表水、地下水突发环境污染事件调查和评价，并做好环境污染事件地区群众生活用水工作。

（8）质监部门

负责危险化学品及包装容器的质量监督；对危险化学品的运输罐体实物及安全阀质量、大罐小标、危险化学品的"混装"等违规行为引发的各类突发事故，进行相关的技术鉴定。

（9）气象部门

及时、准确提供发生突发事件区域的气象情报资料。

（10）发展改革部门

组织应急物资的生产、储备和调度，保证供应，维护市场秩序。

（11）民政部门

做好救济物资发放、危险区域内人民群众的转移安置工作等。

（12）通信管理部门

负责应急通信指挥调度工作，满足突发情况下通信保障和通信恢复工作的需要，确保通信安全畅通。

（13）新闻宣传部门

负责突发环境事件信息发布的组织管理。按照领导组确定的报道口径，组织新闻单位，积极主动地对突发环境事件进行舆论引导并审核把关。

（14）监察部门

负责调查处置突发事件期间的违规违纪、失职渎职事件，严肃追究行政监察对象的责任。

（15）住建部门

负责城市基础设施正常运行，为环境应急事件提供处置所需的工程机械设备、物资及相关工程技术支持。执行环境应急领导小组的有关指令，负责做好饮用水水质监测，根据环境应急领导小组要求实施停水或供水措施。

（16）县（区）人民政府

按属地管理原则负责辖区内所有道路（包括辖区高速公路）危险化学品运输突发环境事件应急处置和救援的组织指挥。

三、预警及措施

（一）预警分级与预警发布

按照突发环境事件严重性、紧急程度和可能影响的范围，突发环境事件的预警分为3级。预警级别由高到低依次为Ⅰ级、Ⅱ级和Ⅲ级警报，颜色依次为橙色、黄色、蓝色。

各级人民政府应当根据收集到的信息对突发环境事件进行预判，启动相应预警。

橙色（Ⅰ级）预警：情况紧急，可能发生或引发重大（Ⅰ级）突发环境事件的；或事件已经发生，可能进一步扩大范围，造成更大危害的。橙色预警由市政府发布。

黄色（Ⅱ级）预警：情况比较紧急，可能发生或引发较大（Ⅱ级）突发环境事件的；或事件已经发生，可能进一步扩大影响范围，造成较大危害。黄色预警由事发县（区）人民政府根据市政府授权负责发布。

蓝色（Ⅲ级）预警：存在重大环境安全隐患，可能发生一般（Ⅲ级）或引发突发环境事件的；或事件已经发生，可能进一步扩大影响范围，造成公共危害的。蓝色预警由事发地县（区）人民政府发布。

应急领导小组负责危险化学品道路运输引发的各类突发环境事件的预警工作。预警工作按照"早预防、早发现、早报告、早处置"的原则及突发环境事件波及范围、发展趋势、危害程度，及时发布预警或提出相应的预警建议，组织实施相应的预警行动。

① 政府应急办建立危险化学品运输联席会议制度和通报制度。组织安监、公安、消防、交通、质监、环保、卫生等有关监管部门参加危险化学品运输联席会议，定期通报危险化学品运输管理情况。同时，建立危险化学品道路运输通报制度，危险化学品道路运输转移联单由所在地和接收地的公安部门核准后，将道路运输转移联单连同详细路线图和运行时间表，移送安监、交通运管、环保等有关部门采取必要的防范应对措施。

② 加强职责部门的监管职责，有效预防危险化学品运输事故。一是公安交警部门要严把危险化学品运输车辆的新车上户关和车辆年检审验关，严禁不合格车辆非法上路。二是质量监督部门要严把槽罐容器检验关。对于槽罐车的载重量、容积和外形尺寸按介质实际密度进行核定，坚决杜绝"大罐小标"私自改装行为。三是交通运管部门要严把运输市场准入关，进一步强化运输危险化学品企业责任，加强对挂靠经营行为的管理。

③ 交通部门在重要的城市饮用水地表水源及上游主要河流和人口稠密区的公路设置危险化学品运输车辆警示标志，通过的涉危车辆应由交警部门对通过时间、路线、承运的危险货物、重量等进行审批，并由交警部门通报沿线安监、公安、消防、环保等相关部门做好应对工作。

④ 市政府应急办为处置危险化学品道路运输突发事件的单位发放应急通行证，公安、交通运管等有关部门开设事故应急救援"绿色通道"，保证应急救援部门及工作人员在第一时间到达事故现场。

（二）预警措施

发布预警进入预警状态后，事发地人民政府及有关部门应当采取以下措施：

① 立即启动危险化学品道路运输突发环境事件应急预案，组织应急救援队伍进入待命状态，并动员后备人员做好参加应急救援和处置工作的准备；

② 发布预警公告，宣布进入预警期，并将预警公告与信息报送上一级人民政府和市环保局；

③ 责令有关部门及时收集、报告相关信息，向社会公布反映突发环境事件信息的渠道，加强对突发事件的发生、发展情况的监测、预报和预警；

④ 组织有关部门和机构、专业技术人员及专家随时对突发事件信息进行分析评估，预测发生突发环境事件可能性的大小、影响范围和强度以及可能发生的突发环境事件级别；

⑤ 向社会发布与公众有关的环境事件预测信息和分析评估结果；

⑥ 及时按照有关规定向社会发布可能受到突发环境事件危害的警告，宣传避免和减轻危害的常识，公布咨询电话。

四、应急响应

（一）应急程序启动

① 危险化学品运输企业发生突发环境事件时，企业的主要负责人应当按照本单位制订的应急救援预案，立即组织救援，组织人员立即赶赴事故现场。

② 应急领导小组接到报告后，符合预案启动条件的，立即启动预案。接到应急报告或指令后，各有关成员单位迅速派员出发，赶赴现场指导危险化学品突发环境事件处置和协助地方政府进行应急救援。

（二）分级响应的启动

1. 重大（Ⅰ级）响应

发生重大突发环境事件由市政府负责启动重大（Ⅰ级）环境应急响应，成立市应急指挥部，指导突发环境事件的应急处置工作，并及时向省政府、环境保护厅报告事件处置工作进展情况。

有关部门和单位在市应急指挥部的统一组织和指挥下，按照应急预案的分工，开展相应的应急处置工作。

2. 较大（Ⅱ级）响应

发生较大突发环境事件时，由事发地县（区）人民政府负责启动应急响应，同时将情况上报市政府应急办和市环保局；超出其应急处置能力的，及时报请市应急指挥部给予支持。

3. 一般（Ⅲ级）响应

发生一般突发环境事件时，由事发地县人民政府负责启动应急响应，同时将情况上报市（州）人民政府和市环保局；超出其应急处置能力的，及时报请市（州）应急指挥机构给予支持。

（三）信息报告

1. 突发环境事件报告时限和程序

因危险化学品道路运输导致突发环境事件或判断可能引发突发环境事件时，应立即向当地政府和环保部门报告相关信息。突发环境事件发生地县（区）人民政府环境保护主管部门在收到突发环境事件信息后，应当立即进行核实，对突发环境事件的性质和类别做出初步认定。

对初步认定为重大（Ⅰ级）或者较大（Ⅱ级）突发环境事件的，事发地县（区）人民政府环保主管部门应当在2h内向本级人民政府和上一级人民政府环保主管部门报告，事发地县（区）人民政府环保主管部门可一并向省环保厅报告。事发地市（州）人民政府和市环保局接到报告后，应当进行核实并在1h内报告省政府和省环保厅。

对初步认定为一般（Ⅲ级）突发环境事件的，事发地县（区）人民政府环保部门应当在4h内向本级人民政府和上一级人民政府环境保护主管部门报告。

突发环境事件处置过程中事件级别发生变化的，应当按照变化后的级别报告信息。

2. 突发环境事件报告方式与内容

突发环境事件的报告分为初报、续报和处理结果报告。初报是在发现或者得知突发环境事件后首次上报；续报是在查清有关基本情况、事件发展情况后随时上报；处理结果报告是在事件处理完毕后上报。

初报应当报告突发环境事件的发生时间、地点、信息来源、事件起因和性质、基本情况、主要污染物和数量、监测数据、人员伤害情况、饮用水水源地等环境敏感点影响情况、事件发展趋势、处置情况、拟采取的措施以及下一步工作建议等初步情况，并提供可能受到突发环境事件影响的环境敏感点的分布示意图。

续报应当在初报的基础上，报告有关处置进展情况。

处理结果报告应当在初报和续报的基础上，报告处理突发环境事件的措施、过程和结果，突发环境事件潜在或者间接危害以及损失、社会影响、处理后的遗留问题、责任追究等详细情况。

突发环境事件信息可通过传真、机要网络、面呈等方式书面报告；情况紧急时，可先行电话报告，但应当及时补充书面报告。

3. 信息通报

突发环境事件已经或者可能涉及相邻行政区域的，事发地环保部门应当及时通报相邻区域同级人民政府环保部门，并向本级政府提出向相邻区域同级政府通报的建议。接到通报的环保部门应当及时调查情况，并按照相关规定报告突发环境事件信息。

因突发环境事件出现人员伤亡时，应及时将事件信息向同级卫生行政部门通报，以便及时实施应急医疗卫生救援。

（四）先期处置

突发环境事件发生后，负有直接责任的企事业单位应当立即启动危险化学品道路交通运输突发环境事件应急预案，采取有效措施，防止污染扩散，通报可能受到污染危害的单位和居民，按规定向当地人民政府环境保护部门和有关部门报告，负责消除污染，将受损害的环境恢复原状，或承担相应费用。

接报或得知情况后，事发地人民政府应立即派出有关部门及应急救援队伍赶赴现场，迅速开展处置工作。各应急救援队伍必须在当地政府的指导下，控制或切断污染源，全力控制事件态势，严防二次污染和次生、衍生事件发生。

（五）现场指挥与控制

环境应急现场指挥组指挥污染事故现场处置工作。一是快速分析污染事故原因、发展趋势、影响范围，提出控制和消除污染源、防止污染扩散、信息通报与发布等方面的措施；二是指导协助地方环保部门开展应急监测，调查污染情况；三是向应急领导小组和省政府应急办报告突发环境事件处置进展情况等。

① 掌握引发事件的危险化学品的类别和特性，受污染区域及可能涉及范围等，控制污染事故现场、划定紧急隔离区域、设置警告标志。

② 对已发生污染危害的污染源应采取一切可能措施，予以消除，并防止扩散、蔓延。

③ 指令环境应急救援队伍进入应急状态，环境监测部门立即开展应急监测，随时掌握并报告事态进展情况。

④ 调集环境应急所需物资和设备，确保应急保障工作。

⑤ 统一协调相关部门的联动应急，确保应急处置工作有序进行。

（六）环境应急监测

环保部门在环境应急监测中的职责如下。

① 根据突发环境事件污染物的性质、扩散速度和事发地的气象、水文和地域特点，制订环境应急监测方案，经应急专家组审核通过后组织实施，确定污染物的扩散范围和浓度。

② 根据监测结果，综合分析突发环境事件污染变化趋势，并通过专家咨询和讨论的方式，预测并报告突发环境事件的发展情况、污染物的变化情况以及对人群和生态系统的影响情况，作为突发环境事件应急决策的技术支撑。

（七）信息发布

① 突发环境事件的信息，由各级人民政府根据相应级别对外统一发布，应急指挥机构组成部门负责提供突发环境事件的有关信息。

② 对于较不复杂的事件，可分阶段发布，先简要发布基本事实。

③ 涉及军队的新闻信息，由军队有关部门审核后发布。

④ 各级地方人民政府的信息发布按照当地人民政府的信息发布办法执行，并做好舆论引导和舆情分析工作，加强对相关信息的核实、审查和管理，做到及时准确、主动引导。

（八）安全防护

1. 环境应急人员的安全防护

应根据突发环境事件的特点，采取安全防护措施，配备相应的专业防护设备，严格执行应急人员出入事发现场的程序。

2. 受威胁人员的安全防护

受威胁人员的安全防护由组织处置突发环境事件的人民政府统一规划，设立紧急避难场所。

① 组织处置突发环境事件的人民政府，应当根据事发地的气象、地理环境、人员密集度等，确定受威胁人员疏散的方式，组织群众安全疏散撤离。

② 有关部门根据事发地的气象、地理条件等，疏散受威胁人员至安全的紧急避难场所。

（九）应急终止

1. 应急终止的条件

突发环境事件的现场应急处置工作事件的威胁和危害得到控制或者消除后，应当终止。应急终止应符合下列条件之一：

① 事件现场危险状态得到控制，事件发生条件消除。

② 事件发生地人群、环境的各项主要健康、环境、生物及生态指标已经达到常态水平。

③ 事件所造成的危害已经被彻底消除，无继发可能。

④ 事件现场的各种专业应急处置行动已无继续的必要。

⑤ 采取了必要的防护措施以保护公众免受再次灾害，并使事件可能引起的中长期影响趋于合理且尽量低的水平。

2. 应急终止的程序

① 突发环境事件应急现场指挥部决定终止时机，或事件责任单位提出、经突发事件应急现场指挥部批准。

② 突发环境事件应急现场指挥部向组织处置突发环境事件的各专业应急救援队伍下达应急终止命令。

③ 应急状态终止后，市突发环境事件应急指挥部组成部门应根据市政府有关指示和实际情况，继续进行环境监测和后期评估工作；经专家组审定事件影响已消除，应停止环境应急监测，转入常态管理。

五、后期处置

（一）总结与评估

① 应急指挥部指导事发地人民政府、有关部门及突发环境事件单位查找事件原因，防止类似事件的再次发生，并对造成的经济损失进行评估。

② 突发事件处置结束一周内，参与处置的成员单位应将事件处置工作情况的总结报告应急领导小组办公室。必要时，应急领导小组办公室组织相关部门适时组成事故处置调查评估小组，开展事故原因分析、事故责任调查评估。

（二）善后处置

各地人民政府组织有关专家对受影响地区的范围进行科学评估，制订补助、补偿、抚恤、安置和环境恢复等善后计划，并组织实施。

（三）保险

可能引起环境事件污染的企事业单位，要依法办理环境污染责任保险等相关责任险或其他险种；县级人民政府及相关部门、单位要为环境应急工作人员办理人身意外伤害保险；《工伤保险条例》规定应参加工伤保险的单位，要为工作人员办理工伤保险；对发生过重大、特别重大污染事故的危险源单位应当强制进行环境污染责任保险。

六、应急保障

(一) 资金保障

应急指挥机构组成部门应对突发环境事件预防、预警、应急处置的需要提出项目支出预算,编制相应的环境应急管理能力建设规划,报财政部门审批后执行。各级财政应该对突发环境事件应急工作给予有力支持,促进应急工作的开展。

(二) 装备保障

应急指挥机构组成部门及单位要充分发挥职能作用,在积极发挥现有检验、鉴定、监测力量的基础上,根据工作需要和职责要求,配置危险化学品检验、鉴定和监测设备,不断提高应急监测、动态监控的能力,确保在突发环境事件发生时能有效控制并减少对环境的危害。

(三) 通信保障

各级环保部门设立环境应急值守电话,并与突发环境事件应急指挥机构各组成部门保持通信畅通;各级通信管理部门要及时组织有关基础电信运营企业,保障突发环境事件处置过程中的通信保障畅通,必要时在现场开通应急通信设备。

(四) 应急队伍保障

应急指挥组成部门要建立突发环境事件应急救援队伍;各地也要加强环境应急队伍的建设,提高应对突发环境事件的能力。特别要在环境保护重点县(区)建设一支熟悉环境应急知识、熟练掌握各类突发环境事件处置措施的预备应急队伍。保证在突发环境事件发生后,能迅速参与并完成抢救、排险、消毒、监测等现场处置工作。

(五) 技术保障

应急指挥机构组成部门要设立专项资金,不断改进现场处置先进技术和装备,建立科学的环境应急指挥技术平台,实现信息综合集成、分析处理、污染评估的智能化和数字化,确保决策的科学性。加强应急专家库的建设,对突发环境事件的应急处置与救援、事后恢复与重建提供技术支撑,提高应急处置能力。

七、监督管理

(一) 预案管理与修订

1. 预案培训

各地人民政府组织对本级应急指挥机构成员单位有关人员进行突发环境事件应急相关知识培训,使其掌握应急处置的相关知识及基本技能,熟悉实施预案的工作程序和工作要求,提高应对突发环境事件的能力。

2. 预案修订

根据有关法律法规、部门职责或应急资源发生的变化以及环境应急实践中出现的新情况和新问题,应急指挥部至少每3年对本预案修订完善一次。

3. 预案演练

应急指挥各组成部门,按照突发环境事件应急预案,参与由应急指挥部或环保局组织的突发环境事件应急演练,提高防范和处置突发环境事件的能力。突发环境事件应急演练至少每年组织一次。

（二）奖励与责任追究

1. 奖励

在突发环境事件应急工作中，有下列事迹之一的单位和个人，应依据有关规定给予奖励：

① 出色完成突发环境事件应急处置任务，成绩显著的。

② 在突发环境事件应急处置中，使国家、集体和人民群众的生命财产免受或者减少损失的。

③ 对突发环境事件应急工作提出重大建议，实施效果显著的。

④ 有其他特殊贡献的。

2. 责任追究

在突发环境事件应对工作中，有下列行为之一的，按照有关法律和规定，对有关责任人员视情节和危害后果，由其所在单位或上级机关给予行政处分；构成犯罪的，由司法机关依法追究刑事责任。

① 不认真履行环保法律、法规而引发突发环境事件的。

② 不按照规定制订突发环境事件应急预案，拒绝承担突发环境事件应急义务的。

③ 不按规定报告、通报突发环境事件真实情况的。

④ 拒不执行突发环境事件应急预案，不服从命令和指挥，或在事件应急响应时临阵脱逃的。

⑤ 盗窃、贪污、挪用突发环境事件应急工作资金、装备和物资的。

⑥ 阻碍突发环境事件应急工作人员依法执行任务或者进行破坏活动的。

⑦ 散布谣言、扰乱社会秩序的。

⑧ 其他对突发环境事件应急工作造成危害的行为。

八、附则

（一）预案解释

本预案由环境保护局负责解释。

（二）预案实施

本预案自印发之日起实施。

参 考 文 献

[1] 许文，张益民.化工安全工程概论［M］.北京：化学工业出版社，2010.

[2] 张麦秋，李平辉.化工生产安全技术［M］.北京：化学工业出版社，2014.

[3] 王德堂，何伟平.化工安全与环境保护［M］.北京：化学工业出版社，2011.

[4] 严进，何晓春.化工环境保护及安全技术［M］.北京：化学工业出版社，2011.

[5] 朱建军.化工安全与环保［M］.北京：北京大学出版社，2011.

[6] 赵宗昌.化学工程与工艺实验教程［M］.大连：大连理工大学出版社，2009.

[7] 陈敏恒，丛德滋，方图南，等.化工原理［M］.北京：化学工业出版社，2016.

[8] 米镇涛.化学工艺学［M］.北京：化学工业出版社，2006.

[9] 潘文群.传质与分离操作实训［M］.北京：化学工业出版社，2006.